일본 미술관 건축의 비밀

일본 미술관 건축의 비밀

발행일   2025년 9월 5일

지은이   김강섭
펴낸이   손형국
펴낸곳   (주)북랩

출판등록 2004. 12. 1(제2012-000051호)
주소   서울특별시 금천구 가산디지털 1로 168, 우림라이온스밸리 B동 B111호, B113~115호
홈페이지 www.book.co.kr
전화번호 (02)2026-5777   팩스   (02)3159-9637

ISBN   979-11-7224-795-9 03600 (종이책)   979-11-7224-796-6 05600 (전자책)

잘못된 책은 구입한 곳에서 교환해드립니다.
이 책은 저작권법에 따라 보호받는 저작물이므로 무단 전재와 복제를 금합니다.
이 책은 (주)북랩이 보유한 리코 장비로 인쇄되었습니다.

작가 연락처 문의 ▸ ask.book.co.kr
전용 게시판에 문의를 남기시면 저자에게 직접 전달됩니다.

(주)북랩 성공출판의 파트너

북랩 홈페이지와 SNS에서 다양한 출판 솔루션을 만나 보세요!

홈페이지 book.co.kr   •   **블로그** blog.naver.com/essaybook   •   **출판문의** text@book.co.kr
카톡채널 북랩

일본 미술관 건축의 비밀

김강섭 지음

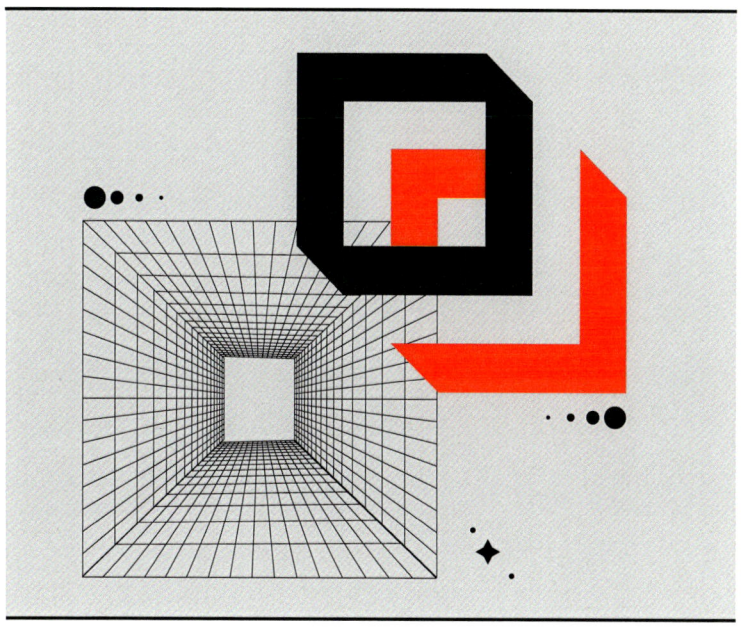

내 존재와 정신의 근원인 할머니와 아버지께,
그리고 나의 모든 시작의 순간에 함께했던 동생 진섭에게,
이 책을 바칩니다.

글을 시작하며

나는 오래전 사이타마현 미야시로(宮代)에 있는 일본공업대학(NIT)에서 가족과 함께 지내며 공부했다. 한국과학재단의 도움으로 일본에서 연구하는 감사한 기회였다. 부지런히 모임에 나가고 지인의 집을 방문하고 여행도 다녔다. 일본과 일본인을 폭넓게 이해할 수 있었다. 특히 이토 요이치(伊藤勇一) 지도교수 연구실에서 개최하는 세미나와 모임, 학회, 견학회에는 빠짐없이 갔었다. 모든 것이 공부라 생각하고 열심히 참여했다. 일본 시절이 더없이 행복한 시간이었다.

일본의 전통 민속 마을, 마을 만들기, 현대건축에 관해 관심을 두고 가능한 한 많은 자료를 수집하려고 애썼다. 2005년 8월 이시가와현 견학회 때, 가나자와 21세기 미술관을 보고 신선함과 놀라움을 느꼈다. 내가 보았던 기존 미술관과는 다른 콘셉트(concept)였다. 설계 개념이 참신했으며 공공성 실천도 놀라웠다. 나도 모르게 미술관 건축에 관한 관심과 호기심이 생겼다. 그 내용을 분석하여 한국실내디자인학회 논문집에 발표한 것(논제: 지역 미술관디자인의 공공성에 관한 연구)이 책을 쓰게 된 직접적인 동기이자 밑거름이다.

2016년 4월에는 가가와현에 있는 '예술의 섬 나오시마'에 다녀왔다. 나오시마(直島)는 예술과 미술, 지역 활성화로 유명한 곳이다. 치추 미술관과 이우환 미술관, 나오시마 현대미술관을 보면서 2005년의 기억을 떠올렸다. 이제는 내가 본 일본 미술관 건축을 다른 사람과 공유할 시간이라 생각했다. 2017년 5월, 11월, 2023년 6월 원주에 있는 안도 다다오의 '뮤지엄 산(Museum SAN)'을 보니 그런 결심이 더욱 굳어졌다.

  우리에게 미술관(art museum)은 무엇일까? 영국의 테이트 미술관 총관장 니콜라스 세로타(Nicholas Serota)는 미술관을 '발견의 장소이자 논쟁의 장소'라고 했다. 새로운 생각, 경험 그리고 자신을 발견하는 곳이라는 의미이다. 즉 무언가를 상상하고 발견하는 곳이 미술관이다. 미술관은 감각적 경험을 통해 상상의 나래를 펴게 하고 새로운 생각과 감성을 자극하는 곳이다.
  또한, 미술관은 건물, 소장품, 재정, 프로그램 등과 같은 요소에 의해 좌우되는 생물체(creature)이다. 미술관 건물 자체만으로도 하나의 예술 작품으로 인정받기도 한다. 빌바오 구겐하임미술관이 대표적으로 건물을 보기 위해 많은 사람이 찾는다. 미술관이 하나의 예술 작품이기 때문에 형태와 구조, 디자인도 다양한 볼거리이자 배움의 소재가 된다. 미술관은 예술품을 담는 건축물이다. 내가 주목하는 것은 예술품을 닮는 그릇, 건축물, 즉 건축이다. 이 책은 미술관 건축의 디자인 언어에 초점을 맞추고 있다.

미술을 공부하는 사람은 미술이 중요하다. 반면에 건축을 배우고 즐기는 사람은 건축만이 관심 대상이다. 눈길이 건축에 머무른다. 건축을 공부하는 사람은 건축 이야기가 궁금하고 건축에 대한 에피소드가 흥미롭다. 아무리 뛰어난 예술품이 전시되어 있다고 해도 건축이 주요 관심사다. 건축에 관한 모든 것에 본능적으로 오감을 느끼고 반응한다. 건축적 대상에 관한 관심은 오직 공간과 형태, 빛과 어둠, 질감과 색상이다. 자연스럽게 감흥과 흥분, 반대로 불쾌함과 실망감을 느낀다.

미술관은 예술품(컬렉션)이 중요한 매개체가 되어 건축 공간과 형태, 구조, 성격이 정해진다. 건축가는 예술품, 전시물에 대한 이해와 바탕으로 건축 행위를 한다. 예술품이라는 동기에 의해 그것에 가장 어울리는 용기가 만들어진다. 미술관 건축의 본질이다.

이 책은 미술관에 관한 이야기다. 하지만 미술과 예술에 관한 것은 아주 미미하다. 미술보다는 건축, 미술관보다는 미술관 건축에 관한 이야기로 채워졌다. 건축을 공부하는 사람이 건축적 관점에서 미술관 배치와 공간구성, 형태와 구조, 의의와 가치를 담았다. 열 개의 키워드로 일본 미술관 건축의 특징과 의미, 건축가의 표현 방식을 풀어놓았다.

일본에는 국립, 현립, 시립, 촌립의 공적인 미술관과 그 외 사립 미술관이 수없이 많다. 여기에 수록된 미술관은 그마다 특징이 뚜렷하며 지역적 기여도가 높다. 내가 본 미술관 중 건축적 가치와 의의가 큰 사례를 추려 보았다. 새로운 미술관 건립과 설계, 운영 등에 대한 합리적인 방향 설정에 미력하나마 힘이 되고자 하는 것이 이 책을 쓰는 이유이다. 내가 쏟아부은 땀과 노력이다.

우리나라에도 미술관은 많다. 디자인이 훌륭하고 건축적 가치가 높은 미술관도 있다. 미술관이 학교와 같은 배움의 공간, 색다른 체험과 휴식을 주는 즐거움의 공간이라면, 현대인에게 소금과 같은 존재다. 우리 삶을 더욱 건강하고 향기롭게 가꾸어줄 예술을 담은 예술, 미술관 건축에 대한 여행을 떠나 보자. 함께 일본 미술관으로 가자.

2025년 8월

목차

글을 시작하며   6

1부 | 미술관의 가치

미술관의 의미   16
    미술관이란 / 16
    미술관 건축의 역할 / 18

미술관 디자인과 공공성   20
    공공성의 정의와 필요성 / 20
    공익적 가치 실현 / 24

미술관 건축의 동향   26
    교육적 장소 / 26
    제3의 공간과 체험 / 28
    지역 활성화 / 29
    미술관 설계와 문화 창출 / 32

2부 | 일본 미술관의 비밀

공공성(公共性) — 가나자와(金沢) 21세기 미술관   36

지역 개선과 문화 창조 / 38
개방적인 배치와 접근성 / 39
둥글고 단순한 기하학적인 평면 / 40
다양한 빛 연출과 수평적 형태 / 45
투명한 외피로 인한 개방성과 투명성 / 47
공공적 가치 / 50
시민을 위한 공간 / 52
3C와 오아시스 / 54

지역성(地域性) — 토미히로 미술관(富弘美術館)   58

시화 작가를 위한 공간 / 60
미술관이 위치한 자리 / 62
국제 설계 경기와 설계 개념 / 63
원으로 조합된 정방형 평면 / 65
깔끔한 단면과 외관 / 72
연속적이며 자유로운 공간 체험 / 74
그림에 방해되지 않는 색채 계획 / 75
지역 부흥과 투어리즘 / 78

관계성(關係性) — 오사카(大阪) 국립 국제미술관   80

도심 속 지하형 미술관 / 82
완전한 지하형 부지, 만남을 연출하는 설계 / 83
예술의 세계로 진입, 엔트런스 게이트 / 85
광장에 활력을 불어넣는 수공간 / 88
개방적인 평면과 공공성 / 91
빛으로 인도되는 미술과의 만남 / 94
지하와 하천을 고려한 설계와 시공의 묘수 / 96
도심지의 열린 미술관 / 98

물(水) — 오사카부립 샤야마이케(狹山池) 뮤지엄　　　100

역사와 함께하는 뮤지엄 / 102
뮤지엄 기획 의도 / 103
저수지와 일체화된 건축물 배치 / 106
평면 구성 및 단면 구조 / 109
구조적 힘이 느껴지는 덩어리 / 113
물의 향연 / 114
환경 뮤지엄 / 119

빛(光) — 폴라(Pola) 미술관　　　122

기업 이념과 미술관의 탄생 / 124
접근성과 사전 조사 / 125
지형을 이용한 배치와 구성 / 128
자연과 공존하는 하이테크 건축 / 130
빛과 푸름을 느끼는 미술관 / 132
단순한 평면 구성과 특성 / 134
건축 구조와 안전성 / 135
빛 환경 디자인과 조명 설계 / 137
숲 산책로와 자연 / 140

지형(地形) — 치추(地中) 미술관　　　142

자연과 나오시마 / 144
미술관 탄생과 접근성 / 146
외부 세계와의 단절, 내부로의 연결 / 150
지형의 이용과 구축 / 153
미술품을 담는 건축적 그릇 / 156
빛의 연출 / 158
보이지 않는 환경으로서의 건축 / 161
세상에 하나뿐인 미술관 / 163

환경(環境) — 이우환(李禹煥) 미술관　　　166
이우환의 예술 세계 / 168
위치와 배치 / 169
또 하나의 치추 미술관 / 172
기둥의 광장 / 176
네 개의 방으로 된 평면 구조 / 181
돌과 철판 / 183
작가와 건축가의 협업 / 185

장소성(場所性) — 나오시마(直島) 현대미술관　　　188
낭만적인 접근성과 광장 / 190
자연 속에 뿌리내린 건축 / 195
땅을 해석한 설계 / 196
기하학적 평면 및 공간 구성 / 199
자연을 거스르지 않는 조화로운 건축 / 200
장소 특정적 미술과 건축 / 203
나오시마 개발의 성공과 의의 / 204

형태(形態) — 키리시마(霧島) 아트 미술관　　　208
예술의 숲 기본 구상 / 210
지형의 특성을 살린 배치 / 212
직사각형의 단순한 평면 구성 / 213
조각을 닮은 입방체 / 216
튜브 형태의 단면 구조 / 219
자연광을 끌어들이는 전시 공간 / 221
예술 교류의 거점 시설 / 221

자연(自然) — 군마현립 타테바야(館林)시 미술관　224
전원 속에 자리 잡은 미술관 / 226
자연 속 입지와 접근성 / 228
조형적인 배치 / 230
체험적인 동선 구조 / 233
풍경처럼 보이는 뮤지엄 / 235
이상적인 조명과 빛 연출 / 237
지면에 놓인 추상화된 풍경 / 237

3부 | 미술관의 미래

문화의 선두 주자　242
문화 예술의 생산자 / 242
일상을 담는 휴식 공간 / 247
공공을 위한 열린 공간: 공공성 / 249
장소에 적합한 건축: 장소성 / 250
지역 재생 및 활성화 / 253

미술관 건축의 새로운 모색　255
배치 및 입지 / 255
자연 확장으로서의 건축 / 257
평면 디자인 / 258
형태 디자인 / 261
조명과 빛 디자인 / 263

글을 마치며　265
참고 문헌　269

1부

미술관의 가치

미술관의 의미

미술관이란

　미술관 여행을 떠나기 전에 미술관 건축에 관한 원론적 이야기를 잠깐 나눠 보자. 일본 미술관 건축의 10가지 주제를 이해하는 데 꼭 필요한 길잡이가 되어 줄 것이다. 여행 가방에 생활필수품을 챙겨 넣으며 짐을 꾸리듯 미술관 여행에 필요한 개념만 소개한다.

　건축은 삶이고 문화다. 우리를 둘러싼 일터나 집, 공공건물과 같은 물리적 환경은 인간의 삶의 질에 직접적인 영향을 준다. 좋은 환경은 삶의 질을 높이며 공공(公共, public)에 이바지한다. 특히 공공건축물은 공공 이용을 전제로 대중의 삶, 일상생활과 관계 맺는다. 건축이 삶의 전략이라는 관점에서 볼 때 공공건축의 모양새, 쓰임새는 우리가 영위하는 삶과 사회적인 꼴을 규정한다. 이는 한 시대의 건축이 그 시대가 어떤 공적인 삶을 허용하는지를 보여주는 상징이기 때문이다.

　이렇듯 건축은 삶을 담아내며 문명을 반영한다. 우리는 미술관을 통해 이 사실을 확인할 수 있다. 지역 문화시설 중 미술관(Art museum)은 일반 대중과 교류하고 대화를 나누는 곳이다. 국제박물관협의회(International Council of Museum: ICOM)에 따르면, 미술관은 '일반 공중의 오락과 교육을 위하여 공개, 전람을 목적으로 하여 그것이 공공의 이익을 위해 이바지하는 항구적 건물'이다. 전시와 교육, 휴식과 교류, 향유와 소비가 미술관에서 이루어진다. 따라서 미술관은 공익성을 통해 그 가치를 평가받는다.

미술관은 인간이 갖추어야 할 교양과 배움 향상을 위한 교육적 기능, 사회 공여를 위한 공공적 장소다. 베라 졸버그(Vera Zolberg)는 '미술관의 임무는 평소 미술관에 오지 않는 사람들을 찾아 나서야 하는 것'이라고 지적했다. 그에 따르면 미술관은 누구나 접근할 수 있는 개방적인 장소여야 하며, 문화의 저변에 있는 사람까지 예술을 누릴 기회를 제공해야 한다. 사람이 찾지 않는 미술관은 의미 없는 존재다. 미술관 역할은 방문자뿐만 아니라 지역 주민에게 열린 예술 교육을 수행하여 활발한 문화 활동 공간이 되는 것이다.

미술관은 그 사회의 문화적 척도이며 사회 구성원의 지적, 교육적 정도를 가늠하는 기준이다. 지역을 대표하는 존재가 되기도 한다. 빌바오 구겐하임 미술관을 보라. 미술관은 예술 영역에서 사람을 모이게 하고 예술을 매개로 서로 관계를 형성시키는 네트워크의 중심이다. 이처럼 미술관은 현대사회에서 문화를 상징하고 지적 교류가 이루어지는 장소로서 중요한 위치에 있다.

미술관 건축의 역할

지역 문화시설은 문화적 편의와 정보를 제공함으로써 이용자 교류를 활성화한다. 그중 미술관은 문화공간 중 전시, 공연의 문화적 행위, 교육, 정보, 출판, 프로그램이 이루어지는 시설이다. 또한, 예술품을 감상할 기회를 제공한다. 예술을 공급하는 매력적인 장소로서 기능적 스펙트럼을 넓혀, 문화 의식과 삶의 질을 높이는 공익적 공간으로서 현대인의 생활 속에 자리매김하고 있다.

한편, 미술관은 우리가 사는 시대 특성을 나타내는 변화된 커뮤니케이션 산업의 중추다. 현재의 관람객을 위한 소통의 매체일 뿐만 아니라, 미래에 방문할 사람을 위한, 그리고 오늘날 유물과 유산을 보존할 미래 사람을 위한 의사전달 수단이다. 따라서 미술관은 현재와 미래 관점에서 세워져야 한다.

미술관 기능과 역할은 다양한데, 그중에서 문화적 체험과 콘텐츠 보급, 문화 활동 참여로 인한 이용자 수준 향상, 정보 이용 및 검색, 지식습득을 위한 교육적 기능, 행사, 지역 활성화를 들 수 있다. 특히 문화 활동의 기회를 균등하게 제공하고, 사회 구성원에게 교육적 기회도 부여하여 삶의 질을 높여 정신적으로 윤택하게 한다. 더 나아가 사회적 수준도 향상하고 지역 경제에도 도움이 되는 창조적 임무(creative role)를 수행한다.

미술관의 기본적 기능은 전시, 체험, 만남의 장소 제공이다. 즉 전시를 통해 미술작품이나 예술을 관람하고 정보를 준다. 관람객과 작품의 관계를 설정하며, 관람객과 작가와의 대화를 통해 작품을 더욱 가깝게 느끼게 한다. 관람객과 교류하게 만든다. 동시에 미술관은 작품의 성격과 가치에 적합한 조건을 제시하여 관람자의 자유로운 의지로 감상하고, 관람객 스스로 작품이 주는 메시지와 의미를 이해하는 자발적 경험을 유발한다.

연극 공연이나 음악회, 발표회가 열릴 수 있는 복합적인 공간이며 어린이, 청소년을 위한 교육적 공간의 기능도 큰 비중을 차지한다. 시민이 미술관의 주인이다. 시민 참여를 통한 소통의 장, 정보 보급과 교류의 장, 체험과 교육의 장, 즉 사회적 기능의 공간으로 미술관이 진화하고 있다.

미술관 디자인과 공공성

공공성의 정의와 필요성

공공성

사회적 공간을 구축하는 것은 의미 있는 일이다. 다수의 구조물 혹은 건조물이 공공건축물에 속하는 만큼, 이것이 어떤 사회적 상상력에 의해 사유가 되는지가 중요하다. 사회 각 분야에서 '공공성'에 대해 다양한 관점으로 정의 내리고 있다.

독일의 철학자이자 사회학자인 위르겐 하버마스(Jürgen Habermas)는 "다수를 위한 것이 바로 객관적이다."라고 한다. 건축도 예외일 수 없다. 건축의 가치 중 가장 중요한 것은 다수를 위한 것, 바로 공공성이다. 건축은 사회적으로 공유하는 대지와 자원을 바탕으로 성립된다. 그래서 사회의 요구에서 벗어나지 않는다. 건축은 다른 예술에 비해 생명이 길고, 지속하여 대중과 호흡하고 공유한다. 건축의 공공성은 공공을 얼마나 배려하고 그것을 건축적으로 담아내느냐 하는 것이다.

사회학적 관점에서 공공성은 '최적의 의사소통 상태'로 보고 이것으로 인해 집단 활성화를 도모하는 것으로 해석된다. 모두에게 관련되는 상태에서 모두에게 이익이 되는 공동 목표를 갖고, 상호작용하는 현상을 통해, 집단을 활성화하는 결과를 만들어 내는 것이 공공성이다.

또 공공성이란 사람이 모여 '공적인 일, 공동체의 일을 함께 결정해 나가는 과정'을 뜻한다. 열려 있는 것, 폐쇄된 영역을 갖지 않는 것, 공익적 기능을 높이는 공개성(개방성), 이것이 공공성이 갖추어야 할 중요한 특성이다. 그러므로 공공성은 공적인 일을 함께 결정해 나가는 '과정'임과 동시에 그 과정은 열림, 곧 '공개성'을 의미한다.

건축의 공공성

건축은 인간의 꿈이자 욕망이다. 돈, 자본, 권력이기도 하다. 두바이 사막이나 바다에 건립된 부르즈 할리파, 버즈 알 아랍, 초고층 빌딩을 보면 인간의 욕망이 고스란히 느껴진다. 세상에서 아무리 높은 마천루라 해도 그것은 인간, 사람을 위한 것이다. 공공건축물은 더더욱 그렇다. 사회적 자본에 의해 만들어지는 공공건축은 소수의 개인보다는 모두를 위해 존재해야 한다. 공공성 실현은 중요한 가치이다.

건축가 승효상은 "건축이 가져야 할 최고의 가치는 공공성이다."라 한다. 건축의 가치는 공공성에 있다. 자유롭고 공평한 사회를 지탱하는 것은 개인의 자아를 넘어서는 공공 정신이다. 하지만 그런 정신 아래 사람이 모이고 함께 살아가는 기쁨을 실감할 수 있는 장소와 시간, 참된 의미에서 '공공'이라고 말할 수 있는 시설을 만드는 것은 국가나 공공기관만이 아니다. 인생을 풍성하게 하고 문화를 창조하고 키워 가는 것은 개인의 강력하고 격렬한 열정에서 비롯된다.

두바이의 마천루

건축가는 그와 같은 열정에 부응할 수 있는 '생명'이 깃든 건축을 추구해야 한다.

　건축은 사회적, 문화적, 경제적 증표이다. 그 시대와 삶의 방식을 반영하며 끊임없이 사회를 변화시킨다. 사회 변화를 지속시키며 도시의 생명력과 질적 수준을 결정짓는다. 특히 공공건축은 사회의 물리적 환경을 제공하는 주체로서 공공성 논의의 핵심이다. 건축에서 공공성은 구체적인 건축적 요소를 통해 체류 시간을 지속시킴으로써, 공공의 관계를 형성하고, 그 관계에 이바지한다. 건축에 있어 공공성 논의의 관점은 다음와 같다.

구분		계획 요소	공공성의 구분
공간	외부 공간	입지 및 배치 접근성(연계성) 외부 공간구성 요소 context(맥락)	접근성, 연계성, 체류성
	내부 공간	평면 구성 접근성 공적 공간의 확보	개방성, 쾌적성, 체류성
형태		경관적 요소(측면) 투명한 외피	연계성, 개방성(투명성)

 건축의 공공성은 접근성과 연계성, 개방성과 쾌적성 증진을 통해 달성될 수 있다. 공공성의 궁극적 목표는 체류성을 높이고 개방적 공간을 만드는 것이다. 개방성, 체류성, 머무름의 증가가 곧 공공성을 형성한다고 단정 지을 수는 없지만, 그 개연성을 높인다는 측면에서 더 효과적이다. 공공성을 높이거나 잘 담는 것이 좋은 건축이다. 공공건축은 더욱 그래야만 한다. 공공성이 높다고 해서 무조건 좋은 건축이라 할 수 없지만, 건축의 효용 가치가 높은 것은 확실하다.

 자본의 힘에 대항하여 도시의 공간을 시민과 공공에 되돌려 주려는 노력은 의미 있는 행위이다. 그래서 공적 공간의 확보는 중요하다. 이렇게 획득한 공공영역이 다양하고 많다는 것은 그 도시의 공동체 권력이 시민에게 있음을 시사한다. 미술관은 시민의 문화적 활동이 이루어지는 건축물이기 때문에 공공성이 중요한 가치다.

 미술관은 그것이 위치하는 지역, 즉 지역공동체, 시민의 것이라는 의식이 확산하여 사회적 통념이 된 지 오래다. 미술관은 사회 발전에 이바지하는 공공장소이며 일반 대중에게 봉사하는 곳이다. 즐거움과 공익, 더 구체적으로 말하면 시민의 존엄을 보여주는 문화의 이정표다. 미술관의 사회적 기능과 교육적 사명, 공익적 가치는 아무리 강조해도 지나치지 않다.

공익적 가치 실현

사람의 거주와 이용을 전제로 하는 건축과 그 집합체로서 물리적 건조 환경은 삶과 주변 지역에 직접적, 간접적으로 영향을 끼친다. 그 점에서 사회성 혹은 공공성을 띤다. 그러므로 건축가는 사람과 건물과의 관계에 있어 해당 건축물과 거주자 관계는 물론, 주변 환경과의 맥락(context)까지 고려해야 한다. 건축가에게는 인간의 삶에 이바지할 수 있는지 끊임없는 탐구와 노력을 수행해야 할 책임이 있다.

공공건축은 현대문명을 반영하는 대상이다. 단순한 기념물이 아니라 대중에게 봉사하는 것이다. 공공건축이 대중에게 서비스하는 것은 당연하다. 공공적인 목적으로 공공을 위해 지어지기 때문이다. 시민은 화려하거나 권위적인 공간이 아니라 편안하게 즐기고, 삶의 일부로 여길 수 있는 공공적인 미술관을 원한다.

무주 프로젝트, 도서관 프로젝트를 통해 공공건축가로 알려진 고정기용은 의미 있는 업적을 남겼다. 그는 '단순히 주어진 대지에 적절한 건축물을 설계하는 것 이상으로 지역에 필요한 사회적, 건축적 프로그램을 제시하는 일종의 사회적 코디네이터(social coordinator)'로서의 역할을 건축가에게 요구한다. 그의 말처럼 건축가는 공공의 관계, 공공 이익을 어떻게 건축화시킬 것인가를 최우선으로 고민해야 한다. 즉 건축적으로 공공성에 대한 해답을 제안해야 한다.

건축의 공공성 실현은 사회 통합적 행위이며 공익적 가치를 달성하는 것이다. 건축의 공공성은 의사소통 기회를 높이고, 공공적 혜택을 제공하여 건축적 가치를 증대시킨다. 건축을 통해 공익성을 높이는 일이다. 삶을 기획하고 삶의 형태를 적합하게 주조하는 것이 건축가란 직업이다. 그런 만큼 실질적 삶의 모습을 담아내는 디자인과 대안을 제시해야 한다. 건축가에게는 공공성을 실현해야 하는 소임이 있으며, 건축이 속한 사회적 공공성을 발견하고 예측하는 혜안이 요구된다.

미술관 건축의 동향

교육적 장소

미술관은 발견과 논쟁의 장소이다. 여기서 '발견의 장소'라는 점이 중요하다. 미술관은 새로운 생각, 경험, 그리고 자기를 발견하는 곳이다. 상상하고 발견하는 곳, 생각하게 만드는 곳, 배우고 느끼게 하는 곳, 새로운 이야기가 만들어지는 곳, 미술관이란 장소가 바로 그런 곳이다.

뉴욕 맨해튼 5번가에 자리 잡은 솔로몬 알 구겐하임 미술관(The Solomon R. Guggenheim Museum)은 프랭크 라이드 로이드(Frank Lloyd Wright)의 1957년 작품이다. 그 당시 혁신적인 디자인으로 주목받았으며 미술관 외관이 소라처럼 나선형으로 만들어진 것이 특징이다. 건물 외관에 "미술관은 학교이다(The museum is a school)."라고 쓰여 있다. "예술가는 소통하는 것을 배우고 공공은 관계 맺는 것을 배운다."라고 해석된다.

미술관은 학교와 같다. 예술가는 대중과 소통하는 것을 배우고 대중 역시 예술가와 결속함을 배운다. 이러한 장소가 미술관이다. 부연하자면 예술과 대중이 만나 소통하고 관계 맺는 장소라는 뜻이다. 구겐하임이 미술관을 '학교'라고 표현한 것은 의미심장한 가치를 내포한다. 예술과 대중이 공동의 목표를 향해 나아가는 장소로 기능하겠다는 의지 표명이다. 미술관이 학교라는 명제는 미술관에 가는 이유에 학습, 배움의 목적이 있기 때문이다.

예술은 인류가 소통하고 결속될 수 있는 유일한 언어다. 다른 역사와 문화 심지어 엄청난 시차까지도 극복한다. 예술은 인간 행위를 유발하는 자극제로써 새로운 경험을 가능하게 하는 원인이며, 경험의 질을 확대하는 가치를 가진다. 사람의 마음을 움직이게 한다. 그런 점에서 인류가 창조해 낸 그 어떤 것보다도 위대하다. 그런 만큼 컬렉터는 '유니버설 언어(universal language)'로서 미술품을 수집, 전시, 보존한다. 그것을 창조한 예술가와 소비자인 대중을 소통시키고, 결속시켜 주는 미술관은 '학교' 이상의 교육적 기능을 담당한다.

어떤 사람은 개인재산을 털어 미술관을 세운다. 후속 세대가 감상을 통해 소통하고 결속하여 인류와 세상을 더 아름답고 멋지게 만들기를 바란다. 이러한 노력과 나눔의 정신은 인류애적 산물이란 점에서 높게 평가된다. 누군가는 미술관에서 이러한 정신을 배울 것이고 훗날 이들처럼 인류를 위해 헌신할 사람도 나올 것이다. 미술관은 단순한 예술품 전시장이 아니라 '교육적 장소'이다. 분명한 사실이다. 세상을 좀 더 아름답게 만들어가기를 꿈꾸는 공간이다. 이것이 미술관이 내포한 중요한 사회적 속성이다.

제3의 공간과 체험

제3의 공간은 새로운 개념의 레저 공간이다. 제1의 공간(the first place)은 주거 공간이며 제2의 공간(the second place)은 사무 공간, 직장, 즉 연출된 주거 공간이다. 제3의 공간(the third place)은 연출된 공간, 새로운 여가 공간이다. 여기서 말하는 제3의 공간 중 하나가 미술관이다. 미술관이 여가를 즐길 수 있는 대표적인 제3의 공간이다. 재충전, 쇼핑, 휴식의 공간이다.

심리학자 설러문(Salomon)은 정신적 활동(AIME, amount of invested mental elaboration)이 이루어지는 곳이 미술관이라 했다. 미술관은 무언가를 골똘하게 생각하게 만드는 장소라는 의미다. 또한, 인지된 각본(brain script)을 보고 느끼고 해석할 수 있는 공간이다. 인지된 각본 관점에서 보면, 어떤 이야기를 한다는 것은 우리 두뇌 속에 간직된 전형적인 각본 가운데 하나를 깨우는 것이다. 이러한 행위와 감지가 이루어지는 곳이 미술관이다.

인지된 각본은 이야기 속 신호로 되살아나고, 우리 머릿속에 서로 관련성 없이 늘어서 있는 정보를 이용하여, 의미 있는 줄거리를 만들어 내는 습득된 줄거리 모형이다. 이야기 속 신호라는 것은 미술관에서 보고 느끼는 전시물, 건축적 체험, 정보이며, 이것이 상호 관련성을 맺은 이야깃거리이다.

체험을 중시하는 테마 공간은 인지된 각본에 의해 작용한다. 미술관에서 이루어지는 것은 특별한 인지이고 체험이다. 고객이 자연스럽게 인지된 각본을 인식하게 만드는 것이 체험 공간의 관건이다. 미술관을 방문하는 관람객은 자연스럽게 인지된 각본에 빠지게 된다.

스토리텔링의 장소가 미술관이다.

건축에서 스토리텔링의 가치는 아무리 강조해도 지나치지 않다. 가족과 함께 눈으로 보는 건축을 통해 공간을 느끼면 더할 나위 없이 좋다. 그곳에서 건축가가 전하려는 메시지를 몸으로 느낄 수 있다. 건축물이 체험의 장소가 된다. 미술관은 훌륭한 교육의 장이 되어 지적 욕구가 생겨나고 지적 갈증을 해소한다.

좋은 건축물은 좋은 영감을 준다. 어떤 작가의 작품에 대한 감응은 감상자의 특별한 기억과 깊이에 연관된다. 그 특별한 기억의 연상 작용 때문에 감상자 자신의 독특한 해석이 가능하다. 미술관에 가는 사람은 삶에 있어서 새로운 자극을 느끼고 충동, 충격에 빠진다. 새로움과 기쁨을 인지한다.

지역 활성화

1990년부터 우리나라에 지방자치제가 시행되었다. 그 이후 지역의 정체성을 높이기 위해 각종 기념관, 미술관, 박물관 건립을 경쟁적으로 추진했다. 이러한 현상에 대해 유홍준 전 교수는 지방에 흔히 있는 의례적이고 촌스러운 '관제(官製)' 기념관을 만들었다고 지적한다. 이러한 기념관을 아무런 볼거리 없는 시골 문화 시설쯤으로 치부해 버리는 비판자도 많다.

이렇게 지어진 건축물 중에서 그 효과와 역할이 기대를 충족하는 예도 없지 않다. 하지만 발상과 예산은 건축물 짓는 것에만 급급하여 그것을 구성할 내용이나 운용 방안을 제대로 갖춘 경우가 드물다. 짓는 것만이 능사가 아니라 어디에, 어떻게, 어떤 건축물을 지을 것인가가 핵심이다. 유지관리 방안, 조직적인 운영체계도 빠질 수 없는 중요한 요소다.

공공시설의 문제는 건물이 완성된 이후에 나타난다. 그 건물을 어떻게 운영하여 주민의 생활 속에 살려 나갈 것인가, 즉 건물의 쓰임새가 문제다. 이런 경우 공공건축은 '탁상행정'이라는 비판, 지방자치제의 문제점을 상징하는 존재로 거론된다. 이 점에서 건축가에게도 일부 책임이 있다. 건축가는 건축물을 지음으로써 어떤 가능성이 생겨날지를 짓는 사람과 사용하는 사람과 충분히 소통해야 한다.

지방 행정가는 문화시설에 대한 좋은 모델이 없어서 관행대로 좇아가는 실정이라 말한다. 외국의 모범사례를 따라 하게 되고 더 좋은 모델을 찾는다. 그렇다면 지역을 활성화하고 문화 형성에 참고가 될 수 있는 모델은 없을까? 행정가, 건축가, 주민은 지역에 좋은 모델이 될 수 있는 건축물을 희망한다. 건축물이 지역 경제, 문화에 영향을 미치기 때문이다.

요른 웃존(Jorn Utzon)이 설계한 시드니 오페라하우스와 같은 창의적인 건축물은 국가의 품격을 높이고 고부가가치를 창출한다. 국립 미술관은 한 나라의 국가적 위상과 도시 경쟁력도 높인다. 문화와 예술이 콘텐츠의 핵심이므로 경제 외적인 사치품이 아니라 국가 경쟁력의 뼈대가 된다. 따라서 많은 나라가 도시를 매력적인 곳으로 만들어 관광객을 끌어들이기 위해 국가적인 프로젝트를 추진한다. 상징(landmark)적인 건축물을 짓는다.

시드니 오페라하우스

세계적인 미술관 사례를 보면 알 수 있다. 미술관, 미술관 건축은 지역을 활성화하고 지역을 재생하기도 한다. 일본의 가나자와 21세기 미술관, 나오시마 현대미술관, 미국의 킴벨 미술관, 구겐하임 미술관, 영국의 테이트 모던 미술관, 스페인의 빌바오 구겐하임 미술관, 아부다비 루브르미술관 등이 대표적이다.

건축을 통해 지역 불균형의 문제를 해결한다. 런던의 테이트 모던 갤러리는 건축을 통해 지역 격차를 극복하였다. 템스강 북서쪽은 영국 부촌의 상징 지역이다. 강 건너 동쪽에 화력발전소가 자리잡고 있었다. 테이트 모던 갤러리가 지어진 후 주변 지역까지 문화 예술의 지역으로 변신하였다. 건축을 통해 지역 불균형을 해소한 것은 건축의 힘을 보여준 사례다.

이은화, 〈유럽의 현대미술관〉

미술관은 단순한 건물과 소장품으로만 이루어진 곳이 아니다. 그 안에는 그것을 기획한 사람과 만든 사람, 그에 유·무형적으로 이바지한 사람의 협력과 노력의 역사, 흔적이 담겨있다. 미술관은 과거의 기억, 현재의 사실, 미래의 꿈을 보여준다. 미술관에 숨겨진 가치를 살펴보는 것만으로도 삶에서 중요한 활동인 커뮤니케이션과 의사결정, 협력과 경쟁에 대한 배움의 기회가 된다.

가나자와 21세기 미술관

나오시마 현대미술관

킴벨 미술관

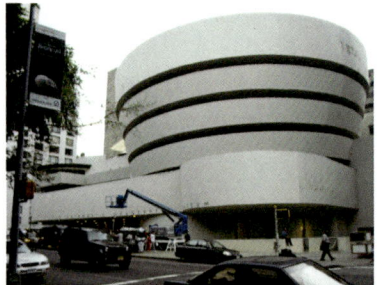
솔로몬 알 구겐하임 미술관

미술관 설계와 문화 창출

건축가는 아름다우면서도 오래도록 존속하는 유산을 만들고자 노력한다. 기존 설계를 그대로 답습해서는 결코 이 목표를 이룰 수 없다. 건축이 목표로 하는 것은 인간 생존 활동의 모든 측면에 관계되고 인간에게 밀착되어 있으므로 복잡하다. '건축한다'라는 행위(行爲)는 다면적인 목적으로 시행되고 결국, 건축이라는 하나의 작품을 만들어 내는 것이다.

건축가가 공공시설을 설계할 기회는 좀처럼 주어지지 않는다. 특히 미술관과 같은 건축물은 설계 경기가 아니면 맡을 일이 거의 없다. 건축가에게 미술관 설계의 기회가 주어지는 것은 행운이다. 집을 짓는 것, 미술관을 설계하는 것을 더욱더 구축이라 해야 하는 것은 거기에 '정신의 작용'이 불가피하게 개재되기 때문이다.

미술관 설계는 건축 표현의 가능성, 자유로운 형태, 그리고 아름다운 빛을 이루어낼 기회다. 미술관 건축은 어느 건축 분야보다 건축가의 미학과 철학을 실현할 수 있는 여지가 많다. 건축가의 상상력과 시대정신을 담은 독창적인 미술관이 현대건축 순례지에 포함되는 이유다. 빌바오 구겐하임 미술관처럼 그 자체가 하나의 예술 작품이라 구조와 내부 공간, 형태도 배움의 대상이다.

건축가는 미술관 건축을 통해 자신의 작품성을 펼칠 기회로 삼는다. 최고의 작품이 되도록 심혈을 기울인다. 미술관 같은 공공건축물은 규모의 크고 작음을 떠나 건축가가 선호하는 프로젝트다. 사회적 의미도 크고, 건축적으로도 일반 건물에서 시도하기 어려운 새로운 개념과 디자인을 시도할 수 있는 절호의 기회이기 때문이다.

건축가의 위대한 발상과 창의적인 디자인은 도시와 역사를 바꿔 놓는다. 아이콘과 같은 미술관이 지역의 문화적 상징이 되어 그 역할을 담당한다. 오스트리아의 쿤스트하우스 그라츠(Kunsthaus Graz) 미술관은 외계 생명체 같은 외형이다. 이 미술관은 도시의 해묵은 과제인 동·서간 문화적 이질감과 사회적 불협화음을 말끔히 해소했다. 영국의 테이트 모던 미술관(Tate Modern Museum)도 지역 불균형 문제를 해결한 예이다. 이러한 미술관은 성공적인 공공예술로 평가받는다.

　미술관은 전시물과 관람객, 관람객과 관람객 상호 간의 공간적 교류를 위한 장소다. 이러한 교류는 미술관 공간구성이 가지는 특성에 따라 다양한 모습으로 나타난다. 그러므로 같은 전시물을 경험하더라도 미술관이 갖는 공간구성에 따라 관람객이 느끼는 감성과 경험은 다르다. 이렇듯 미술관을 설계한다는 것은 결과적으로 이러한 교류의 한 가지 형태를 결정하는 노력이다. 동시에 의식적이건 무의식적이건 그 결과물이 갖는 문화적 의미를 창출하는 행위이다.

　문화는 생산자가 만드는 것이 아니라 소비자가 창출해 낸다는 말이 있다. 미술관의 성패는 문화 소비자가 얼마나 찾느냐에 달려 있다. 마케팅 정신이 적용되는 것은 당연하다. 베라 졸버그(Bera L. Zolberg)의 말처럼 미술관에 오지 않는 사람을 찾아 나서야 할 때다. 지적 호기심에 가득 차서 미술관에 가 보자. 새로운 공간, 세상이 펼쳐져 있다. 이제 일본 미술관으로 갈 시간이다.

2부

일본 미술관의 비밀

공공성(公共性)
오아시스와 같은 열린 미술관

가나자와(金沢) 21세기 미술관
Kanazawa, Ishikawa prefecture in Japan

니시자와 류에는 일본을 대표하는 건축가 중 한 명이다. 2010년 건축계의 노벨상이라는 불리는 프리츠커상(Prizker Architecture Prize)을 세지마 가즈요와 함께 수상했다. 1988년 요코하마 국립대학 건축학과를 졸업하고 1990년 동 대학원 석사과정을 수료했다. 같은 해 세지마 가즈요 설계사무소에 들어가 1995년 SANAA를 공동으로 설립했다. 2010년부터 요코하마 국립대학 대학원 건축도시스쿨 교수로 재직 중이다. 단순히 건물의 기능을 넘어, 환경과 지역사회를 연결하는 관계성을 가진 투명하고 열린 건축을 지향한다. 1998년 일본건축학회상 작품상, 2004년 베네치아 비엔날레 국제건축전 금사자상, 2006년 일본건축학회상 작품상(가나자와 21세기 미술관), 2012년 무라노토고상(데시마 미술관)을 수상했다.

설계 : SANAA(사나, 니사자와 류에(西沢立衛) + 세마지 가즈오(妹島和世))
시공 : Joint Venture Between Takenka, Hazama, Toyokura, Oka, Honjin and Nihonkai

건축물 개요

- **위치**: 石川縣金沢市広坂1丁目2番1号
- **대지면적**: 26,964.5㎡
- **건축면적**: 9,515.66㎡(미술관 부분)
- **연면적**: 17,069㎡(미술관 부분)
- **전시실 면적** : 2,056㎡
- **층수**: 지하 2층 지상 2층
- **최고 높이**: 14.9m
- **시공**: 2002.3~2004.9
- **구조**: 철골조+철근콘크리트조, 일부 철골 철근콘크리트조
- **공간구성**: 전시실, 강연 홀, 도서실, 키즈 스튜디오, 프로젝트 공방, 시민갤러리, 미디어 랩, 뮤지엄 숍, 카페 등

가나자와(金沢) 21세기 미술관(21ST Century Museum of Contemporary Art, Kanazawa)

지역 개선과 문화 창조

이시카와현 가나자와시(市)는 인구 45만여 명의 역사적인 도시이다. 이곳은 '작은 교토'라고 불릴 만큼 에도시대 문화유산이 잘 보존되어 있다. 옛 도시 모습과 풍습이 고스란히 남아 있다. 도시재생 분야에서 세계적으로 성공한 사례로 꼽힌다. 가나자와 21세기 미술관은 가나자와시를 창조 도시로 이끄는 데 이바지한 건축물로 평가된다.

일본의 많은 미술관이 직면한 문제는 관객 수 감소다. 미술관 방문자 수가 감소하였다는 것은 그동안 미술관이 '계몽의 관'으로서 일방적으로 통행한 결과이다. 시대에 뒤떨어지고 더 사람의 관심을 끌지 못한다는 것을 의미한다. 대중 매체로부터 얻을 수 있는 시각 정보 증가와 미술관의 권위성, 작품 보존이라는 명목상 이유로 외부로부터 차단된 미술관의 폐쇄성이 예술 애호가와 관객의 발걸음을 멀어지게 한 또 다른 요인이다.

이와 같은 사회적 배경에서 볼 때, 가나자와 21세기 미술관은 새로운 개념을 실천한 모범적 건축이다. 각종 지역 미술 단체가 중심이 되어 가나자와대학 부속 학교 이전 용지에 미술관 건립의 필요성을 제기했다. 21세기라는 커다란 전환점에서 지역 만들기가 요구되었으며, 새로운 문화 창조와 지역 활성화를 이루기 위한 목적으로 2004년에 건립되었다.

개방적인 배치와 접근성

이 미술관을 방문한 것은 무더운 여름이었다. 도심형 미술관으로서 도시 중심부에 있다. 북측으로는 가나자와역, 가나자와대학, 켄록코 공원(兼六園)이 있고, 동쪽으로는 현립 미술관이 있고, 서쪽에는 가나자와 시청사가 있다. 미술관 터는 삼면이 도로에 접하며 남측은 주거지와 인접해 있다.

내부 공간은 개방적이며 연속성을 띤다. 외부에 폐쇄된 공간이기보다는 오히려 그 속에 거리를 끌어들인다. 거리를 통과하는 사람이 보이거나 빠져나가거나, 자리 좋은 장소를 발견해서 서 있거나, 자유롭고 익명적인 곳이 되도록 의도했다. 쉽고 편리한 접근으로 부담 없이 공원 속에 있는 듯하다.

미술관 출입구는 4개이며 부지 어느 곳에서도 타원형의 보행로를 통해 접근할 수 있다. 입구로 연결되는 동선은 하나가 아니다. 사람의 흐름을 자연스럽게 만들어 내는 것은 둥근 모양의 원형 건물이다. 주 출입구와 부출입구가 특별히 정해져 있지 않다. 사방 어디에서나 쉽게 접근할 수 있다. 넓은 잔디밭에는 다양한 조형물이 놓여 있다. 지하 주차장으로의 차량 진입은 가나자와 시청사와 인접한 도로에서 이루어진다.

미술관은 교통이 활발한 지역의 중앙부에 있어 공공시설, 문화시설과의 인접성도 높다. 푸른 잔디밭 가운데 자리 잡은 미술관은 외부에서 내부로의 진·출입이 자유로워 마치 공원의 일부인 듯하다. 둥근 평면과 출입구의 배치는 부지 특성과 주변 현황을 충분히 고려한 것이다.

둥글고 단순한 기하학적인 평면

이 미술관은 둥글다. 평면은 지름 113m, 길이 315m의 정원(正円)이다. 하얀색의 원형 건축물은 스위스 비트라 캠퍼스에 있는 펙토리 빌딩(2012년)을 떠 올리게 만든다. 펙토리 빌딩의 평면도 둥근 원이다. 가나자와 21세기 미술관은 설계 경기로 시작된 것인데, 설계자 니시자와 류에(西沢立衛)에 따르면 그 당시 생각했던 것은 "건물이 둥글다는 것과 교류 지역과 미술관 지역이 일체화되고 있다."라는 것이었다. 설계자는 곡면 유리가 중요하다고 생각했고, 그 결과 비용 문제로 둥근 원(정원)을 선택하게 되었다.

1층은 각종 크고 작은 전시실과 광원(光園), 강의실, 도서실, 시민 전시실, 휴게 공간, 각종 편의시설로 구성되어 있다. 지하층은 주차장과 극장, 회의실, 시민전시실, 수장고, 반입구 등으로 되어 있다.

미술관 평면 구성은 독특하고 흥미롭게도 시민 교류 지역과 미술관 지역으로 나누어져 있다. 평면 구성을 볼 때, 원 중앙부는 유료인 미술관 지역이며, 원의 외곽부는 무료인 시민 교류 지역이다. 유로 지역과 무료 지역이 확연히 구분되는 점이 특이하다.

미술관 지역에는 19개 전시실이 있으며 이들은 조금씩 간격을 두고 분리되어 있다. 이 간격이 통로(미로)이자 복도다. 방문자는 전시실에서 전시실로 이동할 때 외부의 풍경과 개방적인 교류 지역을 볼 수 있다. 반대로 교류 지역에 있는 사람이 전시실 볼륨과 볼륨 사이로부터 미술관 내부 활동을 볼 수 있다. 건물 끝에서 끝까지를 볼 수 있는 관통 복도 4개가 있어 자연광과 외부 풍경을 내부로 끌어들인다.

사방에서 출입할 수 있는 미술관의 입구

이것으로 인해 건물 전체가 밝은 빛으로 둘러싸이고 중심부도 밝고 개방적인 느낌이다.

평면 구성은 단순한 기하학적 조합에 의해 전시 공간과 주민 교류 공간으로 나누어진다. 주민 교류 공간은 아트 도서실, 어린이 스튜디오, 정보검색 공간, 강의 홀, 휴게 공간이다. 이러한 공적 공간은 자유로운 출입이 가능하여 누구나 무료로 즐길 수 있다.

전시실과 전시실을 분리하여 배치하여 회유성(回遊性)을 높였다. 즉, 머무름의 시간을 높이는 자유로운 동선 설계로 관람객의 능동적 의지와 움직임이 확대된다. 그 역할을 통로가 담당한다. 대규모 전람회 경우는 미술관 지역 전체를 전시 공간으로 사용하는 것이 가능하며, 소규모 전람회 경우는 2~3개 전시실만 사용하는 것도 가능하다. 공간의 유연성(flexibility)이 높다. 복도와 휴게 공간을 포함한 미술관 전체가 하나의 대규모 전시 공간으로 될 수 있다. 전람회 규모와 성격에 맞게 전시장 크기를 변경할 수 있다.

각 방은 독립적이며 각기 다른 비례를 가진다. 이것은 다양한 작품과 미디어를 사용한 작품의 자립성을 담보하기 위한 것이다. 그룹전의 경우 하나의 작품에 대한 인상이 다음 작품에까지 전이되는 현상을 방지하려는 의도다. 따라서 관람자는 명확한 시각 체험이 가능하다. 실내는 장식이 없는 간결(minimal)한 공간이며 전체적으로 밝아 작품이 돋보인다. 실내 볼륨의 다양성(variation)에 의해 작품 표현도 다양하다.

빛의 정원과 휴게 공간

돌출된 지붕과 수평적인 외관

다양한 빛 연출과 수평적 형태

건물 내부에는 4개의 광원이 있다. 실내는 광원과 전시실 천창 채광 때문에 빛이 내부로 깊게 들어와 빛으로 가득하다. 중앙부에 있는 전시실은 톱라이트(top light) 방식의 유리 천장으로 되어 있다. 전시실 내부에서 작품을 볼 때도 자연광에 의해 외부 빛의 변화가 느껴진다.

이와 같은 빛의 변화는 관람객에게 심리적 영향을 미친다. 전시실에서는 톱라이트를 통해 들어온 빛은 고투과 강화유리에 의해 다시 걸러져 내부로 유입된다. 실내 공간은 전체적으로 밝으며 외부의 빛, 전시실 내부의 빛, 이 중간에 있는 빛 등으로 가득하다.

내부는 자연광과 인공광(간접조명)의 결합으로 일정한 조도 유지가 자동으로 가능하다. 자연과 지능(intelligence)의 융합이다. 이런 설계를 통해 사람의 물리적인 신체감각과 정보화된 가상적인 신체감각을 단절시키지 않고 공존할 수 있도록 만든다.

이 미술관은 수평적이다. 지붕은 크고 작은 상자 모양의 입방체로 조합되어 있다. 인접 건물과 전혀 다른 형태이지만 주변 경관을 거스르지 않는다. 긴 스팬으로 인한 위압감도 느낄 수 없다. 오히려 부드러운 둥근 원과 높낮이가 각기 다른 지붕의 상자(mass)들로 인해 지루하지 않다. 입체적인 느낌을 준다. 어느 방향에서 보아도 비슷한 형태로서 고정된 정면이나 측면, 배면이 없다. 건물 외장은 투명한 곡면 유리이다. 투명한 외관으로 인해 건물 내 활동이 움직이는 영상처럼 비춰 주변 거리에 활기를 불어넣고 있다.

이 사실은 세지마 가즈오(妹島和世)의 인터뷰에서도 알 수 있다.

분명히 유리는 어떤 의미에서 경계를 확실히 구분한다. 그러나 외부가 유리가 아니었다면 예를 들어 창이었다면 더욱더 폐쇄된 인상이 되었으리라 생각한다. 유리는 반사나 투과가 됨으로써 인상이 바뀌므로 유리 자체만으로는 완결 불가능하다는 점이 흥미롭다고 생각한다. 외부와 내부의 영상이 겹쳐 보인다거나 또는 강한 반사면이 되어 오브제와 같이 나타나기도 한다. 이 미술관은 유리의 특성을 잘 적용하여 개방적이며 밝은 미술관이 되도록 하였다.

세지마 가즈오, 〈新建築 2004〉

미술관은 지상 2층 높이의 저층형이다. 건축가는 건축물이 주변 환경을 거스르지 않고 조화를 이루기 위해 낮은 쪽이 좋을 것으로 생각했다. 부지 레벨은 주변 도로에 비해 낮으며 건축물은 중앙부에 있다. 이 때문에 주변 경관에 지장을 주지 않고 외부 공간구성과 부드러운 곡면 형태로 인해 그 장소에 녹아든다.

이러한 형태적 특성으로 인해 지역적인 중심성을 갖는다. 장소적 특성을 건축물로 구현했다. 앞에서도 언급한 것처럼 이 미술관은 하나의 단순한 원이다. 내부는 간결한 상자의 조합이다. 크고 작은 형태 단위가 반복적으로 구성되어 진실한 표정으로 서 있다. 지역의 상징적 건물이다.

투명한 외피로 인한 개방성과 투명성

가나자와 21세기 미술관의 특성 중 가장 두드러진 것은 투명성과 개방성이다. 외부 마감재는 4㎝ 두께의 투명한 곡면 유리다. 이에 따라 내부와 외부가 서로 투명하게 관통하며 시각적으로 연결된다. 투명한 외벽, 유료·무료 지역 사이의 아크릴 문, 광원의 벽 등은 관람객과 통행인이 서로 다름을 인식시키면서도 같은 공간에 있는 공동의 장을 형성시킨다. 여기에 비물질적 외피는 건물의 중량감을 감소시키며 조형적 역할을 대신한다.

특수유리로 마감된 외벽이 사나(Sanna) 건축의 주요 개념인 가벼운 건축을 잘 표현한다. 유리로 된 외피는 순수한 조형적 의미 외에도 내부 공간 확보와 빛 조절이라는 기능적 역할을 겸한다. 이런 방식의 외피는 공간을 더 은밀하게 해 시각의 장이 형성되고 공간의 깊이감을 높인다. 건축물 내 기둥을 최대한 배제한 유리 외벽은 외부와 내부의 경계를 흔들어 놓는다. 유리 외벽 안쪽에 아크릴 스크린을 설치한 결과, 건물 전체가 도시의 거울이 되어 하늘과 가로수 그리고 주변 거리를 비춘다. 나오시마(直島)의 마린 스테이션(2006년)과 유사한 이미지로 내부와 외부는 투명한 유리가 경계를 가른다.

투명한 유리로 된 외피(위: 내부에서 본 가나자와 시청사)

이 미술관은 사나 건축의 투명성과 개방성이 심화한 듯하다. 유리가 벽이 되고 통로가 된 이 건물에 들어서면 순간적으로 긴장하게 된다. 동선을 정해주는 기존 전시 방식과는 다르기 때문이다. 거리를 두고 떨어져 있는 전시실의 순로(順路)를 정하는 것은 관람자 자신이다. 미술관 내부에서 자신의 위치를 계속 확인하지 않으면 길을 잃기 쉬우며, 시간이 지나면서 자칫하면 미술관 외부와 내부까지 혼동되는 순간이 찾아온다.

설계자는 미술관에 단지 책을 빌리러 온 사람일지라도 복도를 지나치면서 전시실 모습을 보거나, 중정을 지나가는 사람을 볼 수 있는 개방적인 공간이 되길 원했다. 최대한 투명하고 평평한 유리를 선택한 것도 외부와 단절된 밀실 공간이 아니라, 도시공간과 어떤 방향으로든 연결하기 위한 것이다.

다소 불편하더라도 전시실 동선을 정하지 않은 것 역시, 사용자 호기심이나 상상력에 자극을 주어, 색다른 공간 체험의 기회를 제공하기 위한 것이다. 이처럼 자연광 효과를 극대화한 실내, 바깥 경치를 건물 안으로 끌어들여 외부와 내부, 자연과 인공의 경계를 허무는 듯한 사나의 건축양식은 일본 전통 건축이 지닌 요소를 현대적으로 재해석했다는 평가를 받는다.

공공적 가치

　　기존 미술관은 입장권을 구매해야 내부로 들어갈 수 있지만, 이 미술관은 돈을 내지 않고도 내부 진입이 가능하다. 무료 지역과 유료 지역이 구분되어 있으며 공간구성과 형태는 개방적이다. 누가 미술관 주인인지를 분명하게 보여준다.

　미술관 주인은 보통의 시민이다. 무료 지역이 있는 것은 미술관이 미술품을 보여주는 기능뿐 아니라 또 다른 기능이 있음을 의미한다. 무료로 사용할 수 있는 공간은 시민에게 열려 있어 미술품, 전시물을 보지 않아도 공간을 즐길 수 있다. 누구나 부담 없이 편안하게 이용할 수 있다. 미술관은 이용자로부터 칭찬받아야 그 존재 가치가 높다.

> 이 미술관의 개념은 자유롭고 독창적이다. 사람들이 자유롭게 움직이고 돌아다닐 수 있고 출입을 구속받지 않는다. 전시실은 독립되어 있어 각각 개별적인 체험이 가능하고, 전시실 출입은 매우 자유롭다. 전부가 개방되어 있다. 이와 같은 체험은 수영과 비슷하다. 수중에서 휴식을 취하고 싶을 때마다 얼굴을 내밀고 호흡할 수 있기 때문이다.
>
> 　　　　　　　　　　　　　　　　　　Leandro Eelich, 〈新建築 2004〉

　미술관의 4개 출입구는 이용자 출입의 가능성을 높이고 보다 쉽게 접근할 수 있도록 배려한 개념이다. 둥근 평면적 특성을 살려 주변 공원과 가나자와 시청사 등 어디에서라도 출입할 수 있다. 이런 시설과의 연계, 부지와 주변 특성을 살린 배치로 인해 부담 없는 접근이 가능하고 연계성도 훌륭하다.

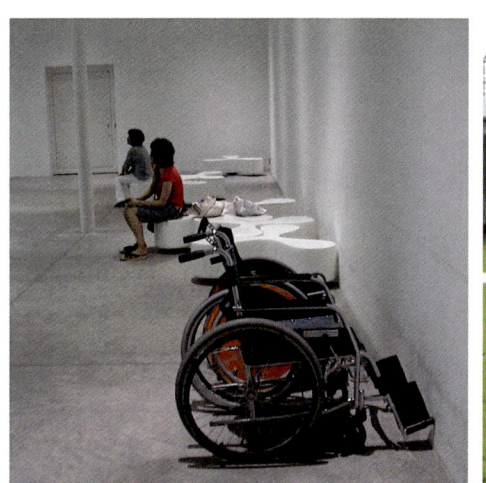

휴게 공간과 조형물

시민을 위한 공간

가나자와 21세기 미술관은 설계자의 개념처럼 마치 공원이나 광장과 같다. 외부는 조각 예술품(어린이 놀이물, 벤치 등)과 보행로, 다실, 프로젝트 공방 등으로 구성되어 있다. 푸른 잔디밭과 보행로, 공간구성 요소는 공원 같은 느낌을 주며 자유로운 분위기를 연출한다.

미술관은 국제박물관협의회(ICOM)가 정의하고 있는 미술관의 기능을 충실히 만족시킨다. 내부에는 주민을 위한 넓은 공적 공간이 있다. 이러한 공간은 주민 교류와 문화 창작 활동의 영역으로서, 집합적인 경험을 나누는 장소로써 중심성을 수용한다. 중심성을 수용하는 미술관의 중심 공간은 전시 관람 공간보다는 휴식이나 여가,

공적 공간으로서 아트 도서실

정보교류의 집합적인 경험을 나누는 공간이다. 중심성을 부정하는 미술관의 공통점은 비전시 공간을 최대한 줄이는 것이다.

시민전시실은 지상 1층과 지하 1층에 있으며 면적은 1,458㎡로서 일본 내 최대급 규모다. 시민의 창작 활동 발표와 감상의 장으로서 회화, 조각, 공예, 그림, 사진, 영상, 꽃꽂이에 관한 작품을 전시한다. 공간을 나누어 사용할 수 있다. 아트 도서실은 미술, 건축, 패션, 음악, 디자인, 사진, 영화 등 다양한 책을 만날 수 있는 공간으로서, 어린이부터 성인까지 읽을 수 있는 책을 갖추고 있다. 최신 영화를 감상하고 자료 검색과 인터넷을 통해 정보도 얻을 수 있어 다양한 체험이 가능하다.

> 이 미술관에는 작은 도서관도 있고 미술관의 내부 정원 주변에서 시간을 보내도 좋다. 그 외 여러 장소가 있다. 우리들로서는 전부가 서로 연결되어 "광장" 또는 "공원"처럼 되도록 만들고 싶었다. 모이는 것도 가능하고 혼자가 되는 것도 가능하다. 생각에 따라 사용할 수 있다.
>
> **니시자와 류에**, 〈열린 건축〉

사나는 열린 건축의 모습을 지향한다. 이러한 접근 방식은 부지를 둘러싸는 울타리를 만들지 않는 모습에서 알 수 있다. 나오시마 마린 스테이션, 가나자와 21세기 미술관 같은 프로젝트는 부지의 경계선을 따라 세워진 울타리나 게이트가 없다. 부지 안에서 밖까지 땅이 그대로 연속되고 사람들은 부지 경계선의 존재를 느낄 수 없다. 환경과 건축이 통합된 상태, 환경과 건축이 유기적으로 연결된 상태를 지향하는 사나 건축의 철학이다.

3C와 오아시스

건축의 고유한 가치는 기능과 같은 단순 논리가 아니라 그 시설을 성립하게 하는 기반과 공공성이다. 그러므로 건축 디자인은 사회적 언어(social language)이며, 지역 미술관은 그 사회의 공공영역에 해당한다. 미술관은 사용자의 다양한 이해를 담아내고, 그들의 참여를 통해 만들어지고 가꾸어지는 공동체적 공간이다. 가나자와 21세기 미술관이 지역 미술관의 모델이 될 수 있는 조건은 새로운 개념과 그 개념을 실현하기 위해, 건축가와 클라이언트의 협력, 노력의 산물로 만들어졌기 때문이다.

즉 세밀한 연구와 논의, 협의 과정을 통해 참여자의 의견이 '물건이라는 것이 아니라 사건(일), 사람에 의해 만들어지는 시간 풍경'을 어떻게 아름답게 보여줄 것인가 하는 점에서 일치되었다. 이러한 공간 만들기를 목표로 미술관 직원, 건축가, 예술가가 삼위일체가 되어 새로운 모델을 만들어 냈다. 이 미술관의 핵심 콘셉트는 3M, 즉 Man(개인주의), Money(자본주의), Materialism(물질주의)에서 3C Coexistence(공존), Collective intelligence(公有知, 공동), Conscience(의식)로 이행이다. 이것을 통해 '참여형 미술관', 함께 창조하는 '공동형 미술관'이 실현되었다.

기존 미술관은 수집가가 소장한 작품이 보관되고 전시되는 장소로 여겨져 왔다. 하지만 이제는 귀중한 예술 작품 감상을 통해 즐거움을 경험하고 다양한 문화적 혜택을 공유하는 장으로 인식이 바뀌었다. 미술관 존립 방식은 미술관의 사회적 역할과 그것이 지역사회에 미치는 영향에 달려 있다.

전시실 사이의 통로

예술 작품으로 즐거움을 선사하고 지역 문화의 상징적 임무를 수행해야 한다.

이 미술관은 이와 같은 역할을 담았을 뿐만 아니라 지역의 중심 장소로서 문화 발전과 보급 기지로 자리매김한다. 다양한 전시 활동을 통해 각종 정보를 전달한다. 개방적인 공간구성과 시민을 배려한 개념으로 예술에 접촉할 기회를 제공하여 문화 수준을 높인다.

건축은 우리 삶의 실체(entity)다. 이 미술관은 일반적인 미술관이 수행하는 기능을 위한 장소적 성격을 넘어 새로운 개념을 보여준다. 도심 속에 자리 잡은 미술관은 광장과 같은 시민의 휴식처다. 시민에게 열려 있는 미술관으로서 예술이 일상생활로 침투할 수 있도록 지원하는 '일상적인 미술관'이다. 미술관은 오후 10시까지 개방되어 만남의 장소로도 손색없다. 일반적인 미술관 개념을 탈피하여 문화 공간과 교류, 휴식 공간을 공존시킨 도심의 오아시스와 같다.

가나자와 21세기 미술관은 가나자와시의 전통적인 동네 거리, 길의 개념으로 발전시켜 내부 공간구성(전시 공간과 통로 부분)에 접목했다. 즉 지역의 환경적 특성을 건축적 기교를 통해 지역성을 표현했다. 일본공업대학 이토 요이치(伊藤用一) 전 교수는 "배치 스타일은 옛 가나자와의 거리 풍경에서 도로와 골목길을 걸으면 가로를 따라 집, 상점, 길이 살짝살짝 들여다보이는 것과 같은 느낌을 새롭게 발견하여 그것을 중요한 개념으로 발전시킨 것으로 생각된다."라고 한다.

여러 개의 비례(proportion)를 가진 전시실은 연속되지 않고 어느 정도 사이 공간(간격)을 두고 배치되어 통로가 만들어졌다. 미술관이 길과 주거지로 형성된 도시의 축소판처럼 보인다. 통로는 길이 되고 여러 개로 나누어진 전시 공간은 주택, 상가가 된다. 그리고 전시실 사이를 이동할 때도 주민 교류 지역에서 일어나는 행위와 외부 풍경이 틈새로 보인다.

  이 미술관은 갖추어야 할 기본적인 기능을 갖추었다. 시민에게 열린 모두를 위한 미술관이다. 니시자와 류에는 왜 열린 건축을 하느냐고 물으면 그 이유로 관계성을 만들기 위해서라 답한다. 인간과 건축의 관계라는 의미로 생각해도 인간의 활동은 그런 건축을 토대로 더욱 창조적인 건축이 되어가는 것이다. 건축이 촉매가 되어 다양한 관계성이 부여된다.

  미술관은 기존 고정관념에서 벗어나 개방적이다. 넓은 공적 공간을 내·외부에 두어 접근의 편의성과 시민 이용의 편리성을 높였다. 외곽 부분은 주민 공유공간으로, 무료로 사용할 수 있어 아무나 부담 없이 즐길 수 있다. 외부 형태는 단순하면서도 주변과 조화되며 지역의 정체성을 보여준다.

  미술관 접근의 용이성과 개방성, 무료 공간 도입, 어린이를 배려한 공간 확보가 돋보인다. 이 미술관에 실현된 공공성 표현은 진보된 개념이다. 가나자와라는 역사와 예술이 가득한 도심에 열린 미술관이 하나의 퍼즐 조각이 되어 전체를 완성한다. 투명한 미술관은 보석 같은 존재다.

지역성(地域性)
지역 문화시설의 모델이 되는 화이트 큐브 미술관

토미히로 미술관(富弘美術館)
Tomihiro art museuma

    요코미조 마코토는 1962년 카나가와현 출생으로 동경예술대학을 1984년 졸업하고, 1988년 동 대학 대학원 수료했다. 1988년에는 이토 토요건축설계사무소에 입사하여 다수의 프로젝트를 수행했으며, 2001년 설계사무실을 개설했다. 2015년부터 동경예술대학 미술학부 건축과 교수로 재직 중이다. 2002년 東村立新富弘미술관 건설 국제설계경기 최우수상, 2006년 일본건축학회상 작품상, 2006년 international Architecture Awards, 2007년 일본건축가협회상, 2013년 제57회 카나가와건축콩쿨주택부분 우수상을 수상했다.

설계 : aat+Yokomizo Makoto 건축설계사무소
시공: 카지마(鹿島)건설 관동지점

건축물 개요

- **위치**: 群馬県みどり市東町草木 86-1
- **대지면적**: 18,114㎡
- **건축면적**: 2,463.50㎡
- **연면적** : 2,463.50㎡
- **층수**: 지상 1층
- **구조**: S조 일부, RC조
- **최고 높이**: 평균 지반고 + 8.0m
- **공사 기간**: 2002년 4월~2002년 5월
- **공간구성**: 전시실 6개, 강당 100석, 정보 코너, 수장고, 뮤지엄 숍 2개, 카페, 레스토랑 등

토미히로(富弘) 미술관(Tomihiro art museuma)

시화 작가를 위한 공간

호시노 토미히로(星野富弘)는 특별한 시인이자 화가이다. 입으로 시를 쓰고 그림을 그린다. 그의 시화는 아름답고 경이롭다. 쉽고 일상적인 언어로 함축적이면서도 소중한 의미를 전달한다. 시와 함께 있는 그림은 따뜻하면서도 화사하다. 그 화사함이 슬픔마저 느끼게 한다. 그는 그림과 시를 통해 희망을 노래한다. 시화를 보는 이들은 꾸밈없는 평범한 단어와 소박하고 아름다운 시의 세계, 자연 그대로를 표현한 투명감 넘치는 수채화, 시와 그림이 조화된 정밀(靜謐)한 작품으로부터 살아있는 것에 대해 감사함을 느끼고, 살아갈 용기를 얻는다. 그의 시화는 편안함을 준다.

오늘도 하나의
괴로운 일이 있었다.
오늘도 또 하나의
기쁜 일이 있었다.

웃었다가 울었다가
희망을 품었다가 포기했다가
미워했다가 좋아했다가
....
그리고 이러한 하나하나를
부드럽게 감싸안아 주는
헤아릴 수 없을 정도로 많은
평범함이 있었다.

토미히로 호시노의 시화

안내판

호시노의 시화는 인간미 넘치는 '다정함이랑 사랑'을 관람자에게 이야기한다. 그래서 수많은 국내·외 전시회와 방송, 책을 통해 외부로 알려졌다. 이것을 계기로 미술관이 만들어졌고 더 많은 사람에게 희망과 용기를 전하기 위해 새로운 미술관이 필요했다. 이와 같은 동기와 요구로 만들어진 것이 지금의 토미히로 미술관이다.

구(舊) 미술관은 국가로부터 배분받은 예산(고향 창생 사업교부금)으로 개조되었다. 오래된 노인복지센터를 급하게 개조했기 때문에 비가 새고 방화 대책도 변변치 않았으며 화장실도 부족했다. 낡은 건물을 고친 탓인지 비좁은 미술관의 노후화가 더 빨라졌다. 결국, 낡은 미술관은 해체되어 철거되었다.

요코미조 마코토(Yokomizo Makoto) 계획안이 토미히로 미술관 국제 설계공모전을 통해 최우수상으로 뽑혔다. 수상자의 설계 개념, 인터뷰를 토대로 미술관(신관)을 건설하게 되었다. 새로운 미술관은 2005년에 개관했다.

미술관은 도로에 인접한다. 그래서 관광객은 일시에 몰렸다가 단시간 머물렀다 빠져나간다. 관광(tourism)의 흐름 속에 있는 미술관은 곧바로 의미 없는 장소가 될 수 있다. 일반적인 관광객과 반대로 핵심적인 팬, 애호가들은 미술관 내에서 천천히 시간을 보내고 시화를 즐긴다. 이러한 두 분류의 관객층이 있다는 사실이 토미히로 미술관의 핵심이다.

미술관이 위치한 자리

미술관을 방문하는 사람은 수려한 산세와 완만한 물줄기에 끌려 특별한 장소에 도달한다. 호시노의 수채로 묘사된 그림과 시는 아름다운 산, 맑은 물과 함께 있어 그 존재감을 더한다. 미술관은 관광지 닛코(日光)와 오오마마(大間間)를 연결하는 국도 122호선 도로변에 있다.

미술관은 도로와 접해 있어 접근성이 뛰어나다. 주변에는 쿠사기(草木)호와 그 호수를 따라 만들어진 산책로, 미술관에서 조금 떨어진 공원에는 수공간, 야외무대가 있다. 주차장은 도로 건너편에 있다. 이와 같은 요소가 미술관을 중심으로 형성되어 공간의 상호 작용성을 확장한다. 주변 시설은 이용객에게 편의와 여가, 휴식, 체험의 기회를 제공하여 장소성을 높인다. 힐링(healing)의 공간이 되고 있다.

국제 설계 경기와 설계 개념

미술관을 짓기 위한 국제 설계 경기 심사 위원장은 건축가 이토 토요(Ito Toyo)였다. 당시 이토의 주요 요구사항이 흥미로웠다. 그 고장 출신의 작가를 위한 미술관을 짓기 위해서라면, 일반적으로 지역성에 근거한 전통적 의장 스타일의 민가 풍 건축물도 전혀 이상하지 않았다. 하지만 설계 경기에서는 지역성이나 전통적 건축 공법을 지향하지 않을뿐더러 현대미술을 지향하는 화이트 큐브(white cube)도 바라지 않는다는 점이다.

설계자는 이것을 구체화하기 위해 제시했던 것은 비눗방울처럼 동그라미가 자유롭게 연결되는 여러 개 원의 집적이라는 아이디어였다. 아무리 내부 평면이 바뀌어도 전체 외관은 정사각형일 것, 원의 집적이 있을 것, 이 아이디어가 지켜진다면 마침내 지역적인 것으로 해석할 수 있다는 것이 설계 경기 위원회의 생각이었다.

그러나 당선작 발표 직후에는 관람자가 '헤맬 것이다'라는 분위기도 팽배했다. 계획된 평면대로 지어진다면 방문자가 '헤매게 될 것'이라는 의견이 많았다. 예를 들면 복잡하게 얽힌 인터넷 세계에서도 여러 개의 트래픽(동선)이 집중되는 거대한 서버가 반드시 존재한다.

또한, 웹에도 많은 사람이 방문하는 포털 사이트가 있다. 복잡함을 제어하는 기능이 필요하다. 이 미술관에서 그 역할을 담당하는 것이 로비였다. 그래서 평면의 시작 기점이 되는 지름 16m의 로비가 탄생했다.

더욱이 설계자는 A, B 두 개의 특징 있는 원이 근접하는 경우 이 사이에 A도 B도 아닌 원을 끼우는 것으로 A, B 둘 다 눈에 띄게 될 것으로 생각했다. 그 완충 공간에 해당하는 원이 각 전시실이나 로비 주위에 배치된 전실, 방풍실이다. 전시 공간에 걸린 호시노 작품은 수채화가 중심이기 때문에 조도나 공기 환경과 같은 요소에 섬세한 디자인적인 배려가 요구되었다. 그래서 전실이나 방풍실은 전시실 외부 환경과의 완충 공간으로서 기능하게 되었다.

토미히로 미술관의 정면 입구 전경

원으로 조합된 정방형 평면

이 미술관에서는 원이 주제이며 건축적 공간이 하나의 방이다. 방의 형태는 장방형의 사각형이 이상적이다. 수직적 벽으로 세워진 공간이 가장 기본적인 건축적 발상이지만 이 미술관의 전시실은 정방형이 아니다. 외부 건축물 형태는 입방체이지만 세부적인 공간은 원이다. 전시실 내부에는 직선의 벽, 기둥이 없고 직선의 모퉁이나 각이 진 부분도 없다. 모든 각을 곡면으로 처리했다.

미술관 평면도를 보면 전체적인 모습은 한 변이 52m인 정사각형이다. 이 속에 지름 5m부터 16.4m인 원통 전시실, 각각의 기능을 가진 방(실) 33개가 불규칙적으로 배열되어 있다. 지름이 전부 다르고 외벽은 9mm 철판 구조로 된 원형 방이 서로 접해 있다. 복도나 통로가 따로 없는 구조다. 단층이라 수직적 이동을 위한 계단도 없다. 단위 공간은 원에서 원으로 연결된다. 전시실의 형태가 둥근 원이다. 어디에서도 찾아볼 수 없었던 독특한 평면 구성이다.

가나자와 21세기 미술관과는 다르지만, 유사한 특성을 보인다. 가나자와 21세기 미술관은 큰 원 속에 크고 작은 사각형의 단위 실로 구성되었고, 이런 공간을 복도(통로)가 연결한다. 반면에 두 미술관이 하나의 틀 속에 작은 단위 공간을 조합하여 구성한 것은 공통적이며 그 개념도 닮았다. 하지만 토미히로 미술관의 공간구성과 형태는 가나자와 21세기 미술관과 반대이다. 직사각형 속에 원의 조합으로 단위 실을 구성했다. 평면은 구조의 공간화에 의한 균등한 장소의 조합이다. 사각형 틀 속에 작은 원의 방을 배치한 것은 원형의 틀 속에 사각형의 방을 배치한 것과 상반되는 구조다. 재미있고 창의적인 발상이다.

그렇게 해서 최초 평면은 전시 계획과 필요한 기능, 주변 환경 등 지역적인 문제에 적절히 대응하도록 33개 원의 조합으로 결정되었

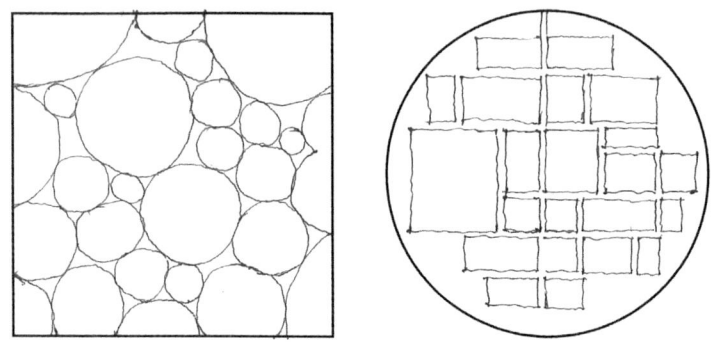

토미히로 미술관과 가나자와 21C 미술관의 평면 구성 개념

다. 각각의 원마다 기능을 특화했다. 다양한 크기의 원 조합을 통해 공간 활용도도 높고 효율적인 공간구조를 탄생시켰다. 불필요한 공간을 최소화했다. 중요 공간 조직을 최대로 집적하는 과정을 통해 이상적인 구성으로 조합되었다.

원과 원이 만나는 부분의 공간 활용

건축물은 직육면체이다. 제한된 범위 내(틀 속)에서 필요한 모든 공간을 배치했다. 이 경우 완충 공간인 전실과 방풍실을 어느 정도까지 작게 할 수 있을 것인가가 고민거리였다. 이를 결정하는 요인은 그 공간을 통과하는 사람의 수(數)였다. 하지만 좁은 통로(병목, bottle neck) 공간을 만드는 것만으로는 피할 수 없었다. 참고했던 것은 대형 백화점의 방풍실 크기였다. 자동문이 열리는 순간을 통행량의 최대 폭으로 잡았다. 그 폭을 확보하면서 정원(正圓)의 방을 만들려면 방풍실은 필연적으로 지름 5m 크기가 되었다. 다양한 크기의 방은 수없이 많은 조합의 결과이다.

공간 조합의 효과와 특이한 체험

전시실에는 벽에 못을 치거나 작품을 걸 수 있는 장치가 필요하다. 게다가 전시 작품에 맞추어서 벽 색깔을 적절히 바꿀 수도 있어야 한다. 그렇게 되면 독특한 색이 있는 소재는 사용할 수 없어 내부 벽은 색을 칠하는 방법을 선택했다.

이때 원의 집적으로 인해 어쩔 수 없이 버려지는 공간이 생긴다. 3개 또는 4개의 원이 모이면 접하지 못한 부분인 여백의 공간이 생겨나고 이 공간은 버려질 수밖에 없다. 하지만 건축가는 그 공간을 버려두지 않았다. 나무나 풀을 심고 햇빛을 끌어들여 정원으로 만들었다. 이런 공간을 최소화하기 위해 33개의 원을 적절히 결합해 알맞은 동선과 기능을 부여했다.

미술관 지붕의 상세 모습(둥근 원의 조합으로 이루어진 평면)

특이한 프로세스와 방식으로 전시실의 크기, 동선, 기능적 문제를 해결했다. 개성적인 평면 구성은 어디에도 없는 토미히로 미술관만이 가지는 독특한 매력이다. 이전까지 누구도 생각지 못한 건축가의 놀라운 발상이다.

이처럼 부분적으로 요구되는 각각의 기능과 원을 배치한 의도를 잘 생각해 보면, 몇 개의 방은 어떻게 완성해야 하는가에 대한 큰 틀이 결정된다. 즉, 완성(마감)을 처음부터 모두 바꿀 목적으로 한 것이 아니라 필수조건을 맞추어 가다 보니 원이 발생하였고, 이러한 문제점을 해결하려고 진지하게 하다 보니 어느 사이인가 다양하게 쓰일 수 있는 실질성(materiality)을 갖게 되었다.

요코미조 마코토, 〈신건축, 200506〉

이러한 마코토의 공간구성은 최초였고 일반적인 스페이스 프로그램과 공간구성 방식에서 크게 벗어난 개념이었다. 공간의 배열, 크기, 동선의 관계가 무척 다채로운데 이러한 구성의 장단점은 뚜렷하다. 설계 경기에서 지적된 바와 같이 공간의 혼란, 동선의 중첩으로 애초의 개념 달성을 기대하기 어렵다. 반대로 장점은 공간의 연결에 필요한 공간의 절약으로 실제 기능에 필요한 면적을 확보할 수 있다는 점이다.

건물의 진·출입은 한 지점에서 시작하여 그곳에서 끝난다. 매표소가 있는 엔트런스 공간을 생각해 보면 이해하기 쉽다. 엔트런스에서 방풍실을 거쳐 로비에 도달한다. 복도나 통로와 같은 연결 공간이 없으므로 부속적 성격의 실이나 관련성이 있는 공간을 통해 이동한다. 즉 하나의 공간을 거쳐 또 다른 공간으로 진입한다. 큰 전

전시실과 레스토랑의 내·외부 전경

시실은 작은 전실을 통하고, 카페는 뮤지엄 숍을 통하고, 휴게실은 도서 코너, 바다의 방을 통해 접근한다. 복도, 통로, 계단이 없으므로 기능적으로 연관된 실이나 유사 공간을 통해 연결된다. 공간 연결이 미지의 세계로 가는 듯 흥미롭다.

사람은 직선적 공간과 형태에 익숙하다. 그러므로 직선적인 요소가 전혀 없는 공간에서 관람자는 어떤 움직임을 보일 것인가가 미지수였다. 하지만 복도, 통로가 없으므로 인해 당초에 제기되었던 '헤맬 것이다'라는 우려는 현실로 나타나지 않았다. 미술관에 실제로 가 보면 우려했던 혼란은 느끼지 못한다.

관람자는 전시 작품에 몰두하게 되어 곡선의 벽이나 복도, 통로에 대해 생각할 겨를이 없다. 동선의 혼란으로 인한 불편함도 느낄 수 없다. 그 이유 중 하나는 시화 감상에 빠져서 작품의 흐름대로, 이 방 저 방으로 자연스럽게 옮겨 다니기 때문이다. 물 흐르듯 자유롭다. 공간 자체가 자유로운 이동을 방해하지 않고 인위적인 유도나 방향 제시도 없으므로 한결 임의롭다. 건축가의 설계 개념처럼 관람자는 편안하게 개별공간을 이동하며 새로운 체험에 몰두하게 된다.

깔끔한 단면과 외관

건물 외관은 칼로 자른 듯 깔끔하다 보니 지붕마저도 평평한 단면이다. 염주와 같은 형태로 연결된 원을 과감하게 자른 외벽, 이 절단면 처리는 보편적인 방식이다. 어디까지나 이즈마무라(東村)가 아닌 곳에서도 얼마든지 성립할 것 같은 건축물이다. 어디를 자르느냐가 중요하지 않으며, 52m라는 제한된 공간으로 만들기 위해 원을 과감하게 잘라야만 했다. 이 절단면은 내부의 복잡함을 외부로 자연스럽게 드러나도록 만들어 단순함과 복잡함은 동시에 드러낸다.

건물 외부는 군더더기 없이 깔끔하고 세련된 현대 미술관다운 모습이다. 미술관 형태는 단순하며 높이가 낮다. 직사각형의 큐브 모양이다. 이것은 주변 경관을 고려했기 때문이다. 자연환경에 둘러싸인 부지 특성을 참작하여 화려하거나 높은 건물을 만들지 않았으며, 절제되고 소박한 형태로 만들었다. 깔끔한 입방체는 키리시마 아트홀과 유사한 느낌이다.

> 이 건축가는 주변의 기복(undulation), 즉 대지에 가능한 한 구애되고 싶지 않았다. 오히려 거장들이 들어 올린 것을 살짝 조용히 지면 위로 내려놓아서 지표면의 조건을 배려하고, 최소한의 조정으로 주변에 방해되지 않도록 고려했다. (중략) 단층형 건물로서 미술관은 지역의 자연경관을 해치지 않는다. 수평적이고 차분한 느낌을 주기 때문에 시야를 차단하거나 답답한 느낌을 주지 않는다. 미술관이 자리한 장소의 특성을 고려해 저층으로 만든 것은 경관적 측면에서 아주 훌륭한 선택이었다. 지역에 적합한 성공적인 건축이 실현된 것이다.
>
> **요코미조 마코토**, 〈신건축, 200506〉

미술관의 외부 전경

연속적이며 자유로운 공간 체험

설계자 마코토는 개관 직전 전시실에 걸린 토미히로의 그림을 보았을 때 처음으로 의식했던 것이 있었다. 그것은 동선의 흐름이었다. 로비에서 전실로 들어가서 전시실의 모든 벽을 훑는 것처럼 이동하여 마지막에 출발점으로 돌아온다. 공간의 크고 작음은 있지만, 공간 체험은 오른편의 둥근 벽을 보면서 계속 쭉 걸어 들어가는 것이다. 직선적인 듯 곡선적이다. 마치 영화 필름을 늘려서 보는 듯하다. 공간 체험이 끊임없이 자연스럽게 연속되는 어떤 미술관에서도 볼 수 없는 독특한 동선 구조다.

방문자가 로비에 서면 전실을 사이에 두고 언뜻언뜻 전시실의 그림이 보인다. 하나의 전시실 감상이 끝나서 전실로 되돌아오면 이동 경로와 무관하게 다른 전시실도 조금씩 보인다. 그곳에, 마음에 드는 그림이 있으면 그쪽으로 가버리면 된다. 감상의 선택이 순간적이고 자유롭다. 보고 싶은 그림이 있는 공간으로 갔다가 그다음으로 보고 싶은 그림이 있는 공간으로 들어가면 된다. 그렇게 해서 계속해서 핀 볼(pin ball)처럼 왔다 갔다 하는 것이 흥미롭기 그지없다.

핀볼처럼 즉흥적이고 자유로운 방향으로 움직이던 것을 멈추고 평소 전시실을 구경하듯 직선적으로 움직이면 연속적인(sequential) 체험이 가능하다. 관람객 시선은 자기 마음대로 이동하고 마음을 끌었던 그림이 시선에 확 들어온 순간 그 장소로 달려 들어가면 핀볼 운동이 시작된다. 그렇게 해서 즉흥적인 접근과 연속적인 공간 체험이 동시에 일어난다. 이 미술관에서만 경험할 수 있는 즐거움이다.

감상자가 방(실)의 중앙에 서서 360° 둘러보면 일순간에 모든 작품을 보게 된다. 하지만, 이 공간에서 시간을 여유롭게 보내고 싶은 사람은 형태에 따라 생겨난 벽 가장자리에서부터 천천히 이동하면서 감상할 수 있다. 선택은 두 가지다. 핀 볼이 운동하듯 감상할 것인가, 아니면 천천히 여유롭게 연속적으로 감상할 것인가이다.
　이렇게 하면 얼마나 시간을 들여 공간을 어디까지 감상할 수 있을지는 원의 반경 위에 선 감상자의 몫이다. 그림을 처음 볼 때 느끼는 거리감과 입체감은 그림 앞에 머무는 시간 즉, 감상 속도와 관련된다. 즉 작품 감상 형태는 시간의 사용법, 공간 내에서 위치 선택, 그리고 이동 경로 설정에 따라 정해진다. 그것은 전적으로 보는 사람의 마음에 달려 있다. 여기서 투어리즘(tourism) 속의 관광객과 성실 감상자, 애호가의 구분이 가능하다.

그림에 방해되지 않는 색채 계획

　전시 공간은 가능한 한 보존을 고려하면서 한 사람 한 사람의 감상자가 작품과 가장 좋은 관계를 만들 수 있는 장소다. 새로운 미술관을 짓기 위해 수채화 작품을 전시했던 구(旧) 미술관의 공기 환경, 조도나 색온도(색을 통해 느껴지는 차갑고 따뜻한 정도), 벽의 색과 작품과의 관계, 액자를 거는 방법 등에 대하여 자세히 검토하여 신(新) 미술관에 적용했다.

전시실 내부의 색(색온도)

예를 들면 작품 보존에 대해 배려하고 저(低)조도이면서 색온도를 높이기 위한 색온도 변환 필터를 사용하지 않았다. 도넛 형태의 스테인리스를 스포트라이트 유리 안쪽에 설치하여, 광원으로부터 빛양을 감소시켰다. 작품이 가지는 본래의 색(color), 상태(condition), 질감(texture)의 아름다움이 감상자에게 잘 전달될 수 있도록 실현했다.

또 수채화와 벽체 색의 휘도 차이를 이용하는 것으로서 관람자의 체감 조도를 높였다. 작품의 보호를 위한 액자의 크기, 구조, 의장, 유리(아크릴)에 대해 검토하여 적용했다. 이러한 다각적이고 구체적인 검토와 연구로 감상자가 작품에 좀 더 쉽고 가깝게 다가갈 수 있도록 고려했다. 토미히로 미술관만의 특징이다.

이 미술관의 또 다른 특별한 점은 곡선 벽에 시화가 전시된다는 점이다. 일반적으로 사각형의 작품을 곡선 벽에 전시하기는 쉽지 않다. 하지만 토미히로의 작품은 비교적 작은 크기이기 때문에 곡선 벽 전시가 가능하다. 도드라지지 않는 색을 가진 벽은 걸린 작품을 감싸안은 듯 존재하여 작품을 충분히 돋보이게 한다.

벽의 색을 달리한 주 전시실 4개, 소전시실 2개로 최대 100점의 전시가 가능하다. 가장 큰 전시실은 고정형으로 하고 그 외 전시실은 상설전이나 기획전, 공모전을 치를 수 있다. 그리고 음향 설계도 심혈을 기울여 소리의 간섭 현상을 줄였다. 내부인데도 바깥에 있는 듯한 밝은색으로 칠했다. 카페도 외부 풍경이 투영될 수 있도록 투명 유리로 마감하여 내부와 외부가 서로를 품으며, 자연스러운 조화를 이룬다.

지역 부흥과 투어리즘

토미히로 미술관에는 군마현 세타군 아즈마무라 출신의 화가이자 시인인 호시노 토미히로의 시화 작품이 전시되어 있다. 크고 작은 원 모양의 실로 조합된 미술관이다. 호시노 작품은 유연함과 강인함, 추상성과 구상성, 단순함과 복잡함이 공존한다. 건축가는 이러한 작품 특성에 상응하는 공간 만들기에 성공했다.

미술관이 지어진 후 10년간 약 400만 명이 찾았다. 그의 시화가 주는 감동과 작품을 품은 미술관의 성공을 가늠할 수 있다. 이 숫자는 토미히로 미술관의 규모와 장소를 생각해 볼 때 경이적인 수치다. 시화의 인기 이유는 호시노의 작품에 의한 부분이 크다. 아울러 미술관이 닛코(日光)와 마에바시(前橋)를 연결하는 관광 루트에 있는 것도 많은 사람이 찾게 된 요인이다. 투어리즘(관광)을 적절히 활용하여 지역 활성화에도 일익을 담당하고 있다.

토미히로 미술관은 형태와 구성에 있어 처음부터 작가의 작품을 배려한 것이 주목할 만하다. 형태는 단순하고 정형적이다. 공간구성은 작은 원이 모여 하나의 큰 공간을 구성한다. 골짜기의 냇물이 모여 강을 이루고 나무 한 그루가 모여 숲을 이루는 자연의 모습, 혹은 적은 노력이 모여 큰 성공을 일구는 것과 같은 삶의 모습을 암시하는 듯하다. 원으로 이루어진 벽은 토미히로의 그림 형태와 성향을 잘 이해하여 디자인했다. 그림과 전시 공간이 완벽한 조화를 이룬다.

이 미술관은 토미히로의 그림을 품어준다. 그의 그림과 관련된 의미가 투영되어 있다. 미술이라는 작품에 건축이 호응한 결과이다. 즉 토미히로의 정신을 건축가의 어휘로 구현되었다. 큰 그림을 그릴 수 없는 신체적 특성, 즉 작은 작품밖에 그릴 수 없는 작가의 여건을 잘 반영했다. 호시노 작품을 가장 효과적으로 보여주기 위한 전시 공간으로 작가의 작품에 꼭 맞는 건축설계가 어우러졌다.

이것이 토미히로 미술관만의 훌륭한 성과다. 오직 토미히로와 그의 작품을 위한 건축, 탄생의 목적과 존재 가치가 분명한 건축적 의의가 실현된 성공적인 작품이다. 오직 건축가만이 할 수 있는 배려와 공학적 창의성을 보여준다. 좋은 건축으로 인정받아 제58회 일본건축학회상, 일본건축가협회상을 받았다. 닛코를 여행한다면 아름다운 시화와 소박하고 배려 깊은 미술관을 볼 기회를 놓치지 말아야 한다.

관계성(關係性)
문화의 게이트웨이가 되는 도심 속 지중미술관

오사카(大阪) 국립 국제미술관
Osaka, Osaka prefecture in Japan

아르헨티나 출신 건축가로서 투쿠만 국립대학에서 건축을 공부한 후 일이노이 대학 건축학과에서 공부했다. 세계 금융센터 콤플렉스, 말레이시아 페트로나스 트윈 타워(1998년)를 설계했다. 1991년 미국건축가협회(AIA)가 가장 영향력 있는 10인의 건축가 목록에 등재했으며 1995년 AIA 골드 메달을 수상했다. 1972년 주일미국대사관, 1980년 교보생명빌딩, 1989년 웰즈 파고 센터, 1998년 슈스터 센터, 2001년 시티그룹 센터, 2010년 코스타네라 센터를 디자인했다. 그는 세계 최고층 건물 중 일부를 랜드마크 건물로 설계했으며 1999년 〈Observations for Young Architects〉라는 책도 저술하였다.

설계: 시저 펠리(Cesar Pelli)
시공: 錢高·鴻池·大本特定建設工事共同体

건축물 개요

- **위치**: 大阪市北区中之島 4-2-55
- **대지면적**: 16,085.75m²
- **건축면적**: 4,289.2m²
- **연면적**: 13,487m²
- **층수**: 지하 3층 지상 1층
- **건폐율**: 100%, 용적률 : 600%
- **설계기간**: 1995. 11~1998. 10
- **공사기간**: 1998. 11~2004. 3
- **구조**: RC조, 일부 SRC조
- **공간구성**: 전시실 4개, 강당, 정보 코너, 키즈 코너, 레스토랑 등

오사카(大阪) 국립 국제미술관(The National Museum of Art, osaka)

도심 속 지하형 미술관

　　오사카 국립 국제미술관 구관은 1970년 일본 만국박람회를 계기로 건립되었다. 국내·외 현대미술을 중심으로 작품을 수집, 보관, 조사, 전시를 목적으로 개관하여 제2차 세계대전 후 현대 미술품을 주로 수집 전시했다. 그러나 노후화로 인한 문제와 도심부 전시를 목표로 새로운 미술관 건립의 필요성이 제기되었다. 미국인 건축가 시저 펠리(Cesar Pelli)가 설계하여 2004년에 건립되었다.

　　미술관 역사는 60여 년을 거슬러 올라간다. 준공 후 45년 정도 지나자, 사용의 불편함 문제가 심각하게 대두되었다. 그리하여 오사카 나카노지마(中之島) 서부 지역에 완전 '지하형 미술관'으로 신축하여 이전했다. 방문자는 히고바야시역에서 내려 도보로 다리를 건너면 미술관을 만난다. 다리 아래에는 도지마천(堂島川)이 흐른다. 이 미술관은 타원형의 오사카 시립과학관과 함께 시(市)의 랜드마크이다.

　　미술관은 시민에게 더 친근하게 다가가고 편리성을 높일 수 있는 곳에 있다. 뉴욕의 구겐하임미술관, 파리의 루브르미술관과 같이 도심에 있는 미술의 중심시설로서 도시와 깊은 관계를 맺고 있다.

　　오사카 국립 국제미술관은 오사카의 중심인 나카노지마로 옮겨오면서 획기적인 방식으로 건축되어, 그 지역의 상징이다. 새롭게 지어진 미술관은 현대미술을 전하며 이전의 활동을 계승하고 있다. 여기에 세계적인 미술의 동향을 폭넓게 소개하고 수요자의 다양한 기대에 부응하는 활동을 적극적으로 펼치면서 존재감을 부각한다.

완전한 지하형 부지, 만남을 연출하는 설계

오사카 국립 국제미술관은 지상에서 건물을 쌓아 올리는 기존 개념에서 벗어나 전시실과 부속 공간을 모두 지하에 두었다. 이는 폴라 미술관과 가장 유사하고 치추 미술관, 이우환 미술관과도 비슷한 개념이다. 하지만, 이 미술관은 도심 속에, 다른 미술관들은 모두 자연 속, 산에 있다. 부지는 북쪽으로 도지마천, 남쪽으로 도사보리천(土佐堀川)이 흐르는 곳에 있다.

미술관은 도심지에 위치하기 때문에 지역 경관을 고려하여 미술관을 지하, 땅속에 묻었다. 바로 옆에 우뚝 솟은 시립과학관과 확연히 대조된다. 키리시마 미술관, 폴라 미술관, 타테바야시 미술관은 자연 속에 있는 전원형 미술관과 대비된다. 그렇지만 가나자와 21세기 미술관과 유사하게 '도심형 미술관'이다. 높은 빌딩이 산재한 도시의 중심지에 있다. 도심이라 주변을 고려하여 땅속에 미술관을 만들었다.

설계의 주안점은 첫째, 미술관이 도심의 거점 공간이 되도록 한 것이다. 따라서 시민과 관계 맺는 방식, 도시공간으로 관계 맺는 방식이 독특하다. 미술관은 현대 예술을 수집하는 '상자'로서 예술의 중심, 토대가 되는 엔터테인먼트(오락)의 공간이다. 공공 미술관은 시민과 예술의 만남을 연출하는 공간이기 때문이다.

둘째, '완전 지하형 미술관'이라는 점이다. 먼저 지하 외벽을 견고하게 만들어 그 속에 공간을 구축했다. 방문자는 미술 감상을 위해 지하로 내려간다. 지하에 대부분 시설을 집약시킨 개념은 부지 특징을 살리고 도심형 미술관으로서 다양한 활동을 수용하기 위한 것이다.

셋째, 오사카의 도시공간이란 장점을 살리기 위해 미술관과 광장을 나카노지마의 미래상 속에서 어떤 식으로 배치할 것인가가 중요했다. 최종적으로 이 세 개의 주안점을 상호 비교, 검토, 보완하면서 구체적인 개념으로 발전시켰다.

1. 1층 엔트런스 로비는 스테인리스 구조에 의한 게이트로 덮고, 나카노지마의 광범위한 지역으로부터 미술관의 존재가 인식되도록 했다.
2. 엔트런스 케이트는 유리 소재로 뚫린 공간을 설계하여 통로에서도 미술관 내부 모습이 엿보이도록 하여 예술에 대한 시민의 호기심을 높일 수 있도록 의도했다.
3. 도사보리천에서 도지마천으로 연결되는 미래의 광장에 시선을 확보하도록 배치했다. 또 기존 오사카시립과학관의 거대한 형상에 맞서지 않도록 스테인리스 선재에 따른 투명감이 있는 가벼운 표현으로 해야 한다.
4. 미술관의 지하 1층은 무료 공간으로서 강당, 정보 코너, 키즈룸, 레스토랑 등을 배치하여 예술과 시민과의 접점을 만들었다.
5. 엔트런스 로비로부터 지하 3층까지, 뚫어진 공간을 끼워서 한 번에 전체 구성을 파악할 수 있는 공간을 구성하여, 들어가기 쉽고 알기 쉬운 미술관 공간을 창출한다.
6. 전시 공간은 화이트 큐브로 하여 기능성을 철저히 따르고 다양한 형태의 현대미술품 전시에 대비한 공간으로 한다.

미쓰이 준(光井純), 〈近代建築 200406〉

예술의 세계로 진입, 엔트런스 게이트

나오시마에 있는 이우환 미술관에서 가장 눈에 띄는 것은 광장의 기둥이다. 그곳에서 기둥이 상징적 요소로 작용하는 것처럼, 여기 오사카 국립 국제미술관에서 빼놓고 이야기할 수 없는 것은 엔트런스 게이트(entrance gate)이다. 독보적인 디자인 요소로서 지상으로 솟아오른 게이트 구조물은 이 미술관만의 독특한 개성이다. 미술관의 정체성을 확실하게 보여주는 장치이기도 하다. 엔트런스 게이트 외관은 대나무의 생명력, 현대미술의 발전과 성장을 이미지화한 것이다.

엔트런스 게이트는 마스트 셀, 드래곤, 테일(꼬리)이라 불리는 세 부분으로 이루어져 있다. 각각을 구성하는 강관 부재끼리는 짧은 관을 중간에 끼워 접속했다. 이 구조물은 지속성(maintenance)과 디자인(design)뿐만 아니라, 용접부의 인성 성능이나 파동 특성, 또 복잡한 응력 상태에 대한 안전 성능을 고려하여, 건축 구조용 스테인리스 강제로 만들었다.

접합부 부재는 휘어짐이나 뒤틀림을 주체로 한 복잡한 응력이 생기기 때문에 접합부 실험을 통해, 충분한 여유가 있도록 설계되었다. 엔트런스 게이트는 구조적으로 독립되어 있다. 풍하중(8방향), 지진하중(수평 3방향+상하동), 열응력 등에 대해 고려되어 안전하다. 지상과 지하에 걸친 독특한 구조물로서 디자인과 기능성, 안전성이 우수하다.

지상으로 솟아오른 엔트런스 게이트

엔트런스 게이트의 세부적인 구성(detail)

오사카 국립 국제미술관의 이미지와 스케치를 처음 봤을 때, 스틸 파이프로 완성된 프레임만의 디자인이 주변의 고층 빌딩군에 의해 매몰되어 버리지 않을까 하는 우려가 있었다. 하지만 실제로 그렇지 않다. 사람들에게 친밀감을 주는 적절한 스케일로 설치 의도에 맞는 효과를 발휘하고 있다.

시게무라 게이코, 〈신건축 200210〉

미술관의 엔트런스 게이트는 미묘한 곡선이다. 스틸 파이프가 복잡하고 튼튼하게 조합되어 그 자체가 하나의 조각품처럼 느껴진다. 언뜻 보면 범선의 돛처럼 보이기도 하고, 정보를 모으는 파라볼라 안테나처럼 보인다. 다양한 이미지가 연상된다. 장소적 특성을 살린 참신한 아이디어로서 구조물 자체가 상징적인 역할을 담당한다.

자신의 모양을 시시각각 변화시키는 엔트런스 게이트는 자연 속에 살아 숨 쉬는 대나무처럼 느껴진다. 미술관 입구가 될 뿐만 아니라 예술의 게이트웨이(gateway), 지역의 관문으로서 역할을 톡톡히 수행한다. 엔트런스 게이트는 낮의 햇빛과 밤의 불빛에 의해 반짝인다. 건물 입구에 세워진 스테인리스 구조물은 상징적 장치로서 방문자 시선을 유혹한다.

광장에 활력을 불어넣는 수공간

일반적으로 건축에서 수공간(물, 水)은 분수나 캐스케이드 형태로 연출된다. 미술관 상부, 지상 광장에는 수공간이 있다. 두 가지 형태의 수공간 중 하나는 연속되게 흐르는 물로서, 외부 공간에 활력을 주는 요소로 생동감이 넘친다. 또 다른 형태의 수공간은 신비로운 느낌이 감돈다. 엔트런스 게이트 근처에 있는 피라미드에서 물이 흐른다. 물의 근원을 알 수 없는데 삼각형의 피라미드 표면에서 흘러내린다. 어떤 원리로 물이 흘러내릴까? 궁금함을 자아낸다. 흐르는 물과 흘러내리는 물은 광장에 생기를 불어넣는다.

피라미드에서 흘러내리는 물은 특이하다. 물의 색깔이 햇빛에 따라 시시각각 변화한다. 햇빛에 반사되는 피라미드 표면에 따라 물의 색이 달라진다. 아주 어두운 검은색에서 연한 파란색으로 변화되는 등 다채로운 물의 색 변화를 느낄 수 있다. 피라미드에서 흐르는 물은 즐거움과 신비감을 주면서 엔트런스 게이트와 함께 외부 공간을

피라미드 표면에서 흘러내리는 물(수공간)

풍부하게 만든다. 비어 있는 공간에 움직이는 요소를 도입하여 이곳만의 장소성을 강하게 느끼게 만든다.

　오사카 국립 국제미술관의 수공간 연출은 타테바야시 미술관과 사야마이케 뮤지엄에서 보이는 물과 다르다. 도심이라는 장소, 광장이라는 공간에 어울리는 연출로 체험적 요소가 되어 신비로움과 시원함을 선사한다. 이곳의 수공간은 엔트런스 게이트와 함께 광장에 활기를 불어넣고 경쾌한 리듬을 느끼게 한다.

광장에 활력을 불어넣는 수공간

개방적인 평면과 공공성

　　이 미술관에는 시민을 위한 공간을 두었다. 즉 지하 1층은 무료 공간(free space)으로 입장권 없이도 자유롭게 드나들고 미술관 내부로 쉽게 접근할 수 있다. 벽면에 설치된 작품을 부담 없이 편안하게 감상할 수 있다. 공공건축물이라는 성격에 맞게 개방성을 높여 이용 가능성을 높였다. 전시관 내 카페는 투명 유리로 벽을 만들어 관람객이 차를 마시면서 로비에 설치된 모빌과 조각 작품을 관람할 수 있도록 배려했다.

　자녀를 둔 관람객 편의를 위해 어린이 휴게실도 따로 마련해 놓았다. 어린이 휴게실에서는 아이들 눈높이에 맞춘 미술 서적이 비치되어 있으며, 영아를 둔 부모를 위해 수유 공간도 있다. 미술관은 더욱 문턱을 낮추었다. 미술관이 전시품을 보여주는 곳이라는 고정된 이미지에서 벗어나 중앙 현관을 상설 공연장으로 개방한다. 다양한 클래식 공연과 퍼포먼스 행사를 유치하여 문화 예술의 장으로서 시민의 사랑을 받고 있다. 로비 공간을 공적 공간으로 할애하여 다양하고 왕성한 주민 활동의 장이 되는 좋은 예이다.

　미술관을 개방적인 공간으로 만들어 내부로 누구나 들어갈 수 있다. 즉각적으로 에스컬레이터를 타고 지하 공간으로 들어갈 수 있다. 이런 점은 폴라 미술관과 유사하다. 지하 공간을 공적 공간으로 규정하여 도심에서 언제나 미술과 예술을 접하고 커뮤니티가 이루어질 수 있도록 만들었다. 모두가 사용할 수 있는 공공적 장소로 만들어 다양한 행위가 이루어진다.

이것은 도심 미술관에서 보기 드문 신선한 개념이다.

지하층의 활동이 지상의 광장(plaza)까지 이어진다. 이 미술관의 기념비(monument)적 요소인 엔트런스 게이트가 그 역할을 담당한다. 엔트런스 게이트는 현대 예술의 가능성과 발전적인 미래를 보여주기라도 하듯, 지하에서부터 건물을 뚫고 하늘로 솟아오른 형상이다. 구조물은 상징적이며 표정도 다양하다. 사람들은 엔트런스 게이트에 친근하게 다가간다. 구름 낀 날, 해가 질 때 조명등이 켜질 때 색다른 분위기를 연출한다. 방문자를 자연스럽게 지하 미술관 세계로 이끈다.

지하 전시실은 건축 기준법상 방재 구획을 면제받은 덕분에 뚫린 공간과 일체화된 커다란 공간으로 만들어졌다. 북측에는 자연광이 들어오지 않는 전시실을 두어 부지 특성에 맞도록 채광 환경을 조성했다.

미술관 내부 전경

내부 전경

빛으로 인도되는 미술과의 만남

미술관 건축에 있어서 빛은 특별하다. 미술품을 보존하기 위해서는 최대한 햇빛을 차단해야 한다. 투명한 유리로 되어 햇빛이 충분히 들어오는 현대적인 건축물이 인기이다. 관람객은 개방적인 느낌을 주는 유리로 된 미술관을 선호한다. 하지만 미술품 관리에서 최고의 금기는 햇빛이다. 빛은 작품의 색을 바라게 만들고 훼손을 촉진하는 요인이다. 그러므로 빛을 어떻게 이용하고 제어할 것인가가 중요하다. 한편, 프랑스 건축가 앙리 시리아니(Henri ciriani)는 뮤지엄 건축에서 중요한 것은 인공조명보다는 자연광 도입이라 한다.

> 뮤지엄에서 가장 소중하게 다뤄야 할 점이라면 입구와 동선, 그리고 자연의 빛, 즉 조명에 있어서 자연광을 들겠다. 우리 시대에 가장 안타까운 현실은 인공조명을 박물관 내부에서까지 요구한다는 사실이다. 하지만 나는 자연광이 없는 박물관은 무의미하다고 본다.
>
> **앙리 시리아니**, 〈plus 9504〉

전시 공간은 자연광의 영향을 받지 않는 방법이 채용된다. 이 미술관에서 빛을 끌어들이는 방법은 클라이언트와 여러 번의 논의와 검토를 거쳤다. 일본의 많은 미술관은 작품을 빌려서 전시하는 기획 전시가 많다. 이 미술관도 같은 상황이었지만, 조각 작품이 많은 현대미술이 있는 지하 공간에서는 방향 감각을 잃지 않도록 채광과 동선이 명쾌하다. 주 동선을 이끄는 계단과 에스컬레이터를 따라 지하 3층까지 뚫려 있기 때문이다.

미술관 내부로 유입되는 자연광

지상 광장과 지하 1층의 연결 부분이 뚫려 있어 지하 활동의 모양을 파악하기 쉽다. 이렇게 빛을 끌어들이는 계획은 미술관 내부로 들어오기 쉽게 만들고 동선을 단순하게 구성하려는 의도이다. 약 2.5m 간격으로 그리드화한 조명 레일, 천장 훅(고리)은 조명 배치에 있어서 전시의 융통성을 높인다.

미술관에서의 체크인은 지하 1층에서 이루어지기 때문에 지상에 보이는 것은 엔트런스 게이트와 피라미드 모양의 수공간 뿐이다. 엔트런스 게이트는 곡선의 스테인리스 파이프로 덮고, 마치 유리 벽 건물이 스테인리스 파이프 바구니로 보호되는 것처럼 보인다. 이 때문에 지하층에는 태양광이 직접 들어오거나 반사되면서 부드럽고 풍부한 빛이 유입된다. 각층 홀로 유입되는 자연광은 방문자의 시야를 편안하게 해주고 지하 2, 3층의 전시실에는 자외선이 차단된다.

지하와 하천을 고려한 설계와 시공의 묘수

앞에서 말했듯 이 미술관 대지는 하천 옆에 있다. 오사카 나카노지마 북쪽으로 도지마천, 남쪽으로 도사보리천이 흐른다. 그러므로 건물 주위를 지하 40m까지 차수벽(遮水壁)을 설치했고, 지하 구조체도 외측 방수를 적용한 이중벽으로 처리했다. 주요 개구부에는 방조판(防潮板), 방수문을 설치하여 많은 비에도 견딜 수 있는 구조로 만들어 수해에 대한 대책도 수립하였다. 지상부 유리는 내부에 공기층을 넣은 사중 구조이며, 스테인리스나 유리 부분에는 광촉매 칠로 마감 처리하여 시간이 지나도 광택이 변색하지 않는다.

부지 형상은 제한된 L자형이다. 부지 수위가 높은 점(지하 수위가 0m로 높음) 등 엄격한 설계조건을 충족시키기 위해 구조, 방수, 건설 비용, 피난 방재 및 설비계획 등 여러 측면에서 여러모로 검토했다. 이 미술관 시공 과정에서는 다양한 시험과 실험이 이루어졌다. 부지가 지하 공간이고 수변에 위치하기 때문에 입지 조건을 극복할 수 있는 수많은 시공 기술이 투입되었다. 미술관에 적용된 기술과 공법, 디자인 위력은 대단하다.

주요 부분이 지하구조물인 미술관은 내진에 유리한 지하 공간, 지하 수압, 부력에 대응할 수 있는 구조, 즉 안정성을 우선시하는 형태로 만들어졌다. 지하 공간은 10.5m×10.5m 스팬을 기본으로 하는 RC조(철근콘크리트조)이며, 일부는 SRC조(철골조)의 플랫 슬래브 구조(슬래브 두께 500~700㎜)이다. 또 2~3m의 매트 슬래브 기초와 800~1,200㎜ 두께의 지하 외벽으로 강력한 상자 모양의 구조체를 구축했다. RC 연속 벽 붕괴를 막는 설비와 일체화되어 홍수가 발생했을 때, 구조체 중량만으로 솟아오르는 것에 대해 저항할 수 있도록 만들어졌다.

엔트런스 게이트를 형성하는 부재는 3차원의 넘실거리는 형상으로 설계되어 모양이 각기 다르다. 이것은 전체적인 형상을 제어하기 위한 것이다. 미술관은 조금의 오차도 없이 정밀하게 시공되었다. 내진 및 재난 대비 설계에 대한 노하우를 쌓아온 수준 높은 일본 건설기술이 적용되었다.

광장과 수공간

도심지의 열린 미술관

미술관의 존재 가치는 얼마나 많은 관객이 찾아오느냐에 달려 있다고 해도 과언이 아니다. 도심에 있어서 방문자가 찾아오는 것을 기대할 수 있고, 동시에 차세대 관객을 직접 교육하는 것도 가능하다. 미술관과의 물리적인 거리가 가까워 예술을 감상하는 것이 일상이 될 수 있다. 예를 들면 하루 일을 마친 후 예술을 즐기고, 예술가의 강연을 듣고, 예술을 주제로 공부하고 탐구하는 것이 자연스럽다. 미술관에 머무는 시간이 늘어나므로 인해 미술관과 중요한 관계를 맺을 수 있다.

오사카 국립 국제미술관은 지상을 광장으로 할애하고 지하에 주요 공간을 만들었다. 사람과 미술의 교류를 창출해 내는 공적 장소가 되어 쾌적한 관람 기회를 제공한다. 문화의 거점으로서 시민에게 친근한 시설로서 다가가고 있다.

미술관 컬렉션은 2차 세계대전 후 여러 나라에서 수집된 현대미술 5천여 점에 달한다. 특히 유명한 소장품은 오하시 컬렉션이다. 컬렉션은 오하시 화학공업 주식회사 사장이었던 고(故) 오하시 카이치가 수집하여 기증한 것들이다.

이 미술관은 문화와 예술을 창조하는 도시의 일원으로서 시민의 사랑을 듬뿍 받고 있으며, 문화 전파의 일익을 담당하고 있다. 미술 감상의 중심부로서 교류, 교육, 오락의 다양한 기능을 발휘하여 도심에 활력을 불어넣고 있다. 햇빛에 반짝이는 엔트런스 게이트는 사계절 손을 흔들며 방문객을 환영하는 듯하다.

물(水)
물의 역사를 새긴 뮤지엄

오사카부립 사야마이케(狹山池) 뮤지엄
Osakasayama, Osaka Prefecture in japan

1941년 오사카 출생, 독학으로 건축을 공부함, 1969년 안도 다다오 건축연구소 설립, 1979년 스미요시 주택으로 일본건축학회상 수상, 대표작으로는 물의 교회, 빛의 교회, 물의 절, 오사카치카아츠카역사박물관, 유메부타이, FARRICA, 포트워스 현대미술관 등, 예일 대학, 콜롬비아 대학, 하버드대학 객원교수 역임, 1997년부터 동경대학 교수, 프리츠커상 수상(1995년), UIA(국제건축가협회) 골드메달 수상(2005년), 예술문화훈장 Commandeur de l'Ordre des Arts et des Lettres(2013년) 수상을 비롯해 국내외 수상 다수

설계: 안도 다다오(Tadao Ando)
시공 : 다케무라 공업

건축물 개요

- **위치**: 大阪府大阪狭山市池尻中2丁目
- **대지면적**: 15,412㎡
- **건축면적**: 3,773.53㎡
- **상설전시면적**: 1,815㎡
- **연면적**: 4,948.47㎡
- **층수**: 지상 2층(일부 3층)
- **구조**: RC조, 일부철골철근콘크리트조
- **설계**: 1994~1998
- **준공**: 2001년 3월(1997~2001)
- **공간구성**: 전시실 2개, 찻집(카페), 일반 및 특별 수장고, 서고, 사무실, 관장실, 회의실 학예원실 등

오사카부립 사야마이케 뮤지엄(大阪府立 狭山池 博物館)

역사와 함께하는 뮤지엄

오사카부립 사야마이케 뮤지엄(이하 사야마이케 뮤지엄)을 방문한 것은 따뜻한 4월이었다. 벚꽃이 만발하여 나들이하기 좋은 봄이었다. 안도 다다오가 바라는 대로 벚꽃이 활짝 피어 가로와 뮤지엄이 하나가 되어 있었다. 벚꽃이 바람에 흩날렸다. 두 딸아이는 바람에 의해 흩날리는 꽃잎과 함께 뛰어다녔다. 벚꽃의 미소가 뮤지엄 지붕 위로 그리고 저수지 물결 위로 드문드문 번지기 시작했다.

뮤지엄 부지는 오사카 남부 오사카사야마시(大阪狭山市)에 있으며 사야마이케(池)에 접하고 있다. 이케는 저수지, 호수, 연못을 말한다. 이 저수지는 일본 최고의 관개 저수지(irrigation pond)라 불리며 뮤지엄의 역사는 이 사실을 함께 전한다. 사야마이케 뮤지엄에는 지역에 잠재된 역사성에 부응하는 개념을 적용한 것이 특징이다. 환경이 뮤지엄과 함께 어떠한 장소로 변모해 가는가를 여실히 보여준다.

사야마이케 역사는 아스카 시대까지 거슬러 올라간다. 7세기 전반에 만들어져 1,400년의 역사를 가진 일본에서 가장 오래된 댐식 저수지이다. 농업용 관개 용수지로서 오랜 시간에 걸쳐 여러 번의 개수(改修) 공사를 거치면서 지역 주민의 생활을 밀접하게 지원해 온 시설이다.

이 저수지는 대륙으로부터 문명 전달의 경로로서 큰 역할을 담당했다. 저수지 유역의 법륭사와 대동사는 고대 일본 문화가 만개한 장소이다. 부지를 포함한 주변 지역은 고대 일본 역사를 고스란히 간직한 의미 있는 장소다.

1993년 사야 마시게 치수(治水)공사 중 카마쿠라(鎌倉) 시대의 나무통 유구(遺構)가 출토되었다. 유구는 옛 토목건축의 구조와 양식을 알 수 있는 실마리가 되는 것이다. 재조사 결과 제방 단면에는 이제까지 이루어진 개수의 자취가 중층구조로 형성된 것이 발견되었다. 거기에는 고대부터 현대에 이르는 일본 토목 기술 역사가 고스란히 새겨져 있었다.

약 9년간에 걸친 유적 발굴 성과와 조사 결과에 따라 오사카부(府)는 유구와 저수지에 관련된 자료를 보존하면서 주변 환경을 정비하는 뮤지엄 건설계획을 세웠다. 이것이 뮤지엄 건립의 출발이다.

뮤지엄 기획 의도

뮤지엄 건립 의도는 제방 단면 외 사야마이케에서 출토된 다양한 역사적 자료와 유물을 보존 전시하고, 이를 통해 일본 토목기술사의 귀중한 유산과 유서 깊은 지역의 역사를 후세에 전하는 공간을 만드는 것이다. 이 프로젝트에서는 주변 환경을 건축에 포함했다. 사야마이케가 내포하고 있는 웅대한 역사에 상응하는 환경, 그 자체가 뮤지엄이 되고 장소가 되는 것을 목표로 삼았다.

사야마이케(저수지) 전경

사야마이케 뮤지엄은 토지개발사(史) 전문 박물관이다. 사야마이케 제방과 출토 문화재를 중심으로 물과 대지와의 관계성을 보여준다. 토목 유산이라는 익숙지 않은 요소를 보여주기 위한 목적으로 건립된 것이다. 우리나라의 벽골제, 중국의 안풍당(安豐塘)을 비롯해 동아시아 각지의 토지개발에 관련된 자료와 정보가 전시되어 있으며, 토지개발사(史)에 대한 학습 및 연구 센터로 자리매김하고 있다.

이 뮤지엄을 역사관이라 표기하는 자료도 있다. 또 영어식(sayamaike historical museum) 명칭에서도 그 사실을 알 수 있듯이 역사박물관의 성격이 짙다. 토목 사업은 끊임없이 새로운 역사적 공간을 창조한다. 역사적으로 치수와 관개공사는 농업과 삶에 있어 중요한 일익을 담당한다. 물이라는 자원은 농업과 삶에 있어 생명과 같다.

이 뮤지엄은 역사관의 기능과 더불어 지역 주민을 대상으로 하는 강연회나 특별전, 워크숍, 콘서트, 이벤트 등을 통해 지적 서비스를 폭넓게 제공하며, 생애 학습과 교육적 장소로 임무를 수행한다. 지역에 있어서 '문화 창조'의 거점시설로 존재할 뿐만 아니라 주민의 커뮤니티 장소로도 활용된다.

사야마이케 뮤지엄은 토목 사업의 역사를 후세에 전한다. 지역에 개방적인 뮤지엄으로서 사야마의 새로운 가치와 매력을 발산하고 있다. 뮤지엄은 오사카를 기반으로 세계를 무대로 활동하는 건축가 안도 다다오가 설계했으며, 건축물은 2001년에 완공되었다.

저수지와 일체화된 건축물 배치

오사카사야마시는 인구 6만 명 정도의 작은 도시로서 오사카 평야의 남동 측에 위치한다. 사야마란 지명은 일본서기, 고사기에도 등장할 정도로 유서 깊은 이름이다. 시 중심부에는 일본에서 가장 오래된 댐 형식의 저수지(호수)인 사야마이케가 있다. 뮤지엄으로 가기 위해서는 오사카사야마역에서 내려 서쪽으로 10분 정도 걸어야 한다. 방문객은 주변 풍광을 둘러보면서 자연스럽게 내부로 진입한다. 주차장은 사야마이케의 북측에 있다. 자동차를 타고 올 때는 하차 후 건물 뒤편에 있는 경사로를 타고 접근한다.

뮤지엄은 사야마 저수지와 관계된 유물을 전시하는 공간이다. 기본적으로 물과 대지, 그리고 인간을 기본 개념으로 설계되어 자연 속에 동화된 느낌이다. 사야마이케 제방 너머에 건립되어 제방과 일체화되어 있다. 즉 호수와 근접한 건물로서 물과 건축의 합일체와 같다. 옥외정원은 제방에서부터 연속하고 건축 구조물과 하나가 되었다.

외부 공간은 둥근 모양의 공중화장실과 물의 정원(水庭, water garden), 다양한 종류의 벚나무가 심어진 정원, 원형 코트, 옥상정원(roof court)으로 구성되어 있다. 수공간은 건축물 사이에 끼워진 듯 위치한다. 뮤지엄 진입은 공중화장실이 있는 측에서 가벽을 따라 시작된다. 방문자는 처음에 넓은 저수지를 둘러보다가 점차 좁혀지는 경사로를 따라 뮤지엄으로 접근한다. 좁혀지는 경사로는 이후에 어떤 극적인 장면이 나타날까 하는 기대감과 묘한 긴장감을 느끼게 만든다.

사야마이케 뮤지엄 진입부(경사로와 계단을 따라가면 수공간과 만난다)

아마 지금까지 경험하지 못한 수공간을 보여주기 위한 건축가의 착상인 듯하다. 좁고 긴 진입로를 걷다 보면 작은 물소리가 들리고 어느 순간 확 트인 수공간을 만난다.

저수지가 정지된 모습이라면 뮤지엄 내 흐르는 물은 동적이다. 떨어지고 흘러내리는 역동적인 물은 감동을 불러일으킨다. 폭포처럼 떨어지는 물의 정원을 통과하면 건물 내로 들어온다. 외부 공간에서 수공간을 거치면서 물을 느끼고, 일본 치수 역사의 발자취를 천천히 더듬으며, 장대한 역사의 세계로 초대하는 극적인 어프로치를 보여준다.

뮤지엄 외부에는 제방에서부터 건물 주위로 벚나무 가로수 길이 만들어졌다. 이 길은 제방에서 뮤지엄으로 이르는 광장까지 연속되어 사야마이케와 미술관을 긴밀하게 연결해 새로운 풍경을 만든다. 아름다운 사야마 저수지 수면을 시야에 두고 제방을 물들이는 벚나무 길을 걷는다. 그 길을 따라 걷다 보면 미술관을 방문하는 사람은 저마다 물과 사람과 삶의 관계, 인간의 삶에 있어서 물의 의미를 생각하게 된다. 이 과정에서 방문자는 저수지와 관계되는 풍부한 역사를 알게 되고 자신이 사는 지역에 대한 애정과 환경에 대한 의식이 저절로 높아진다.

뮤지엄 부지는 제방보다 15m 정도 아래에 있다. 여기에는 제방으로부터 완만하게 연속되는 땅속으로 매몰시킨 듯이 건축물이 배치되어 있다. 노출된 외벽 부분에는 주위의 차분한 분위기와 융합되기 위해 돌로 쌓은 벽을 세웠다. 이 뮤지엄에서는 건축물이 기억 장치로 작용한다. 건축물을 통해 장소에 내재하는 역사, 풍토와 전통을 현재화(顯在化)하고, 그에 대한 기억(記憶)이 마음속에 새겨지도록 연출하고 있다.

평면 구성 및 단면 구조

뮤지엄은 세 개의 덩어리로 조합되었다. 중층 단층(strata)을 보관하는 직사각형 공간, 그 외 자료를 전시하고 지원하는 공간, 그리고 이 두 공간을 연결하는 원형 중정으로 조직되어 있다. 두 개의 입방체가 만나고 그 중심부에 원형 중정을 두었다. 직사각형 입방체는 정사각형 입방체와 비스듬히 연결된다. 조감도와 모형을 보면 이와 같은 형태를 쉽게 이해할 수 있다. 안도 건축에서 보이는 명확한 기하학적 구성이다.

세 개의 덩어리(mass) 중 가장 높게 돌출된 부분이 주 전시실이다. 출구 쪽에는 작은 카페(찻집 코너)가 자리하고 있다. 사야마이케의 개수 공법과 실물 둑, 수로 등 7개 전시 구역으로 나누어 보존 전시하고 있다. 내부 공간은 관장실, 학예원실, 수장고, 서고, 사무실 등으로 구성되어 있다.

위에서 본 모습

실물을 그대로 옮겨온 중층 단층

전시실에는 제방 단면을 절단한 높이 15.4m, 폭 62m의 거대한 단층이 놓여 있다. 관람객은 단층의 규모에 놀라고 이것을 어떻게 실내로 가져올 수 있었을까 하는 의문과 감탄을 자아낸다. 이런 방식의 전시를 기획한 이의 발상과 의사결정도 놀랍다. 저수지 흙과 모래층 하나까지 소홀히 다루지 않고 역사적 고증을 거쳐 전시하는 전문가의 손길과 고집이 느껴진다.

저수지라는 장소적 특색을 갖는 뮤지엄 외부에는 인공 폭포(waterfall)를 두었다. 내부에는 과거 저수지의 실물 단층이 공간적 특성을 한층 부각한다. 장소가 가진 역사적, 지역적 특징을 전시 공간의 커다란 주제로 활용하여 관람객에게 역사적 의미를 명확하게 심어준다.

진입로는 상승한 후 다시 하강하며 본격적인 전시 공간으로 들어서게 만든다. 이처럼 진입로 경계에 원형 코트와 인공 폭포라는 장치를 두어 일차적인 동선에 대한 호흡을 가다듬는다. 뮤지엄에서 상징물과 같은 단층을 배치한 동선에서는 경사로로 길게 호흡하며 전시물을 강조한다. 그다음 뒤따르는 동선은 짧게 머물도록 하면서 전시물이 가진 중요도에 따라 동선을 달리한다.

내부 전경

내부 공간 전경

구조적 힘이 느껴지는 덩어리

안도 다다오는 주변 환경으로부터 돌출되지 않고 저수지와 일체가 되는 뮤지엄을 만들었다. 건물의 볼륨(volume)은 주된 전시물이 되는 제방 단면의 규모(크기)로 인해 자연스럽게 도출되었다.

멀리서 볼 때 단순한 두 개의 장방형 볼륨만 솟아 있다. 저수지에서 출토된 단층을 전시하는 직사각형의 덩어리가 돌출되어 있고, 대부분 공간은 지면 아래에 있다. 주 전시실 덩어리는 사선 형태로 보강된 구조물에 의해 강하고 역동적인(dynamic) 느낌이 든다. 'ㅅ' 자 형태의 구조재가 자주 등장하는 안도 건축의 형태적 특성을 보여준다. 구조적인 강인함이 느껴진다. 수면에는 건물의 덩어리와 주변 수목이 그대로 비친다. 지면 아래 공간은 다양한 높이차로 형성되어 이러한 공간은 계단과 경사로에 의해 연결되어 있다.

양측에 있는 인공 폭포에서 떨어지는 물의 정원, 원형의 공간(외부 중정)을 중심으로 전시물의 규모감에 상응하는 힘차고 활발하게 움직이는 공간이 연속되도록 연출되었다. 특히 폭포는 이 지역 녹지를 잘라낸 공간이란 사실을 주지시키고 언제나 균질한 상태로 흘러넘친다. 수량(水量)은 언제나 일정하다.

사야마이케 뮤지엄에는 다양한 형태의 가벽이 세워져 있다. 가벽은 공간을 구획하고 나누기도 하고 연결하기도 한다. 낮은 가벽은 자연스럽게 이동 방향을 유도한다. 가벽은 외부 공간을 구성하는 필수적 요소로서 안도 건축의 특성이다.

물의 향연

이 지역에서 물은 상징적인 존재다. 건축물 전체가 저수지를 연상시키는 느낌으로 신비롭기 그지없다. 작가 박범신의 〈소소한 풍경〉을 비롯한 많은 책에서 물은 만물의 근원이라 한다. 생성과 죽음과 몽상과 은유와 접합과 원시성의 물, 그것은 건축 속에서도 다채로운 감응을 준다.

> 소설에 '만물의 근원은 물'이라고 말한 그리스 철학자 탈레스가 언급되기도 하지만, 우주를 이루는 네 원소 가운데 물은 우물과 관련되어 특별한 가치를 부여받는다. 그것은 '생성과 죽음과 몽상과 은유와 접합과 원시성의 물'로, "물의 감응이 없다면 우리가 덩어리를 이루는 것도 애당초 불가능했을지도 모른다."
>
> **박범신**, 〈소소한 풍경〉

안도 건축의 중요한 언어 중 하나는 물(水), 수공간이다. TIME'S, 물의 절, 물의 교회, 유메부타이, 효고 어린이박물관, 명화의 정원, 포트워스미술관, 뮤지엄 산 등 물(수공간)이 건축적 어휘로 도입되지 않은 건축물이 없을 정도다. 안도 건축에 있어서 물, 수공간은 체험의 기회를 제공한다. 물이 건축적, 체험적 요소로 작용하여 잊을 수 없는 기억의 장치가 된다.

상부에서 떨어지는 물(인공 폭포)

안도는 물이라는 자연 요소를 이용하여 그가 추구하는 건축 공간을 구체화하여 정신과 감성을 담아낸다. 물을 오브제로 사용하는 기법은 안도 건축에서 친숙하게 볼 수 있다. 물은 변화하는 자연의 속성을 띠며 자연-건축-인간의 관계 속에서 융합되고 조화된다. 장소성을 부각한다. 이동, 즉 움직임의 표현 요소로서 공간의 흐름, 동선의 흐름을 나타내는데 이곳의 물은 진입부에서 전시 공간 방향으로 흐른다.

사야마이케 뮤지엄의 주제는 역시 물이다. 여기서 물은 저수지, 치수, 관개의 의미가 있는 상징이며 역사를 알려주는 매개체이다. 높은 곳에서 떨어지는 물, 캐스케이드 형태로 흐르는 물, 바람에 흩날리는 물, 물의 형태도 다양하다. 폭포와 같이 떨어지는 물은 바람에 의해 그 아래를 통과하는 사람에게 안개처럼 떨어진다. 양측에 형성된 물 커튼으로 인해 물의 존재를 몸으로 느낄 수 있다. 특별한 신체적 체험을 피할 수 없다. 뮤지엄의 전체적인 콘셉트가 물이자 수공간이라는 것을 누구나 쉽게 알아차린다.

상층 수공간(취수탑)에 고인 물의 높이는 15cm이다. 이 물이 방수 처리된 콘크리트 경사면을 타고 아래로 흐른다. 경사 표면은 칩핑(chipping) 되어 있어 물이 표면에 부딪혀 하얀 입자로 흩어진다. 캐스케이드 형태의 수공간도 같은 형태로 처리되었다. 이끼가 낀 바탕은 빛의 흐름에 따라 색이 변화된다. 물은 양측에서 떨어지는데 그 아래에 통로를 두었다. 한 측면은 캐스케이드 측으로 과감하게 통로를 두었고, 반대 측은 지붕을 설치하고 유리 난간을 두었다. 그러므로 물 커튼을 보는 방향이 서로 달라진다.

물은 바람에 흩날린다. 떨어지는 물소리는 복잡한 일상의 번뇌를 잊게 만든다. 물소리를 듣다 보면 어느새 마음이 고요해진다. 수공간에 들어서면 시원하고 청량한 느낌이 들어 기분이 상쾌해진다. 바람의 세기에 의해 떨어지는 물의 양, 모양도 다양하다. 물이 많이 떨어질 때는 빗속에 서 있는 느낌이다. 양 측면에서 쏟아지는 물은 어디에서도 볼 수 없는 독특한 광경을 연출한다.

길게 늘인 동선을 따라 걸어가야 하는데 떨어지는 물과 흐르는 물이 적절히 조화되어 즐거움을 더해준다. 편리함을 앞세우는 근대 건축이 잃어버린 자연과 인간의 교감, 신체의 움직임과 체험을 건축가가 다시 뮤지엄으로 불러들인다. 이것이 안도 건축의 핵심을 이루는 요소 중 하나다.

뮤지엄에서 물의 다양한 표정

사야마이케 뮤지엄의 물은 그 장소가 가진 특유의 기억을 담아낸다. 저수지 옆에 위치하여 뮤지엄 내에 '물'의 요소를 담아, 시각과 청각, 촉각을 자극하여 관람객에게 공간이 내포하는 지역적인 의미를 각인시킨다. 인공 폭포는 전시의 커다란 주제를 의미하는 상징적 요소로서 시각적, 청각적, 촉각적 자극을 시도하며 물의 존재와 의미를 부각한다.

> 인근 저수지 제방 자체가 거대 전시물인 사야마이케 역사관을 들어서며 접하게 되는 대규모 인공 폭포는 그 낙수 소리와 함께 물 커튼을 형성하여 안도 박물관의 물이 원하는, 번잡한 일상을 내려놓음을 모습으로, 소리로 대변한다. 안도의 건축에서 구조체의 강한 단순성에 의해 확증된 고요감을 전해주는 물이 여기서는 소리를 내면서 역동적인 수직 및 수평의 면적 요소로 나타난다.
>
> **이관석**, 〈안다 다다오의 박물관에서 나타나는 건축적 특성과 그 의미〉

이 뮤지엄은 자연적 요소로서의 물과 건축이 극적으로 만나 가장 적합한 형태로 연출된 장소다. 사야마이케와 연속되게 만든 수공간 연출력에 놀라지 않을 수 없다. 저수지와 물을 건축적 언어로 표현하여 물의 역사를 전한다. 장소성을 높이고 장소의 의미를 되새기게 만든다. 인공 폭포는 상징인 물소리를 분명하게 들려준다. 환경과 건축의 조화가 극적이다.

환경 뮤지엄

사야마이케 뮤지엄은 건축과 환경, 지역을 생각하게 만든다. '환경 박물관'을 주제로 저수지 주변과 가로에 각종 벚나무를 심어, 제방과 뮤지엄을 유기적으로 연결하여 새롭고 의미 있는 장소로 만들었다. 안도는 "공공건축은 건물이 완성됨으로 끝나는 것이 아니다."라고 한다. 이 말은 시간이 지나면서 주변 환경과 건축물이 유기적으로 관계 맺기 위해 정성을 다해 지역과 건축을 가꾸어야 한다는 의미이다.

안도는 장소가 가진 환경에 주목하여 역사적 사실을 전시 공간 테마(theme)로 담아냈다. 수공간을 도입하여 그 장소가 가진 특유의 기억을 재현하고 과거와 현재를 연결한다. 그것은 지역을 이해하기 위한 의미 있는 발상이다. 저수지 옆이라는 공간이 가진 성격에 맞게 수공간을 배치하여 동선을 유도한다. 장소를 상징하는 물을 동선의 시작점에 위치시켜 역사적인 배경에 의해 전시 공간의 주제를 인식하게 만든다. 환경 정비와 마을 살리기를 겸한 이벤트로 뮤지엄 주변에 지역 주민이 매실나무와 벚나무를 심는 행사도 벌어진다. 이렇게 벚나무 가로수가 성장하고 주변과 어우러질 때 진정한 의미의 건축이 완성될 것으로 기대된다.

> 내가 생각하는 공적인 건축, 즉 입지 환경을 최대한 살리고 그곳이 아니면 안 되는 개성적인 건축을 만들기 위해서는 시설의 기획 단계부터 건축가가 뛰어들어서 관여해 나갈 필요가 있다.
>
> **안도 다다오**, 〈나, 건축가 안도 다다오〉

제방 측에서 바라본 뮤지엄과 옥상정원

　우연히 마쓰이에 마사시(matsuie masashi)의 『여름은 오래 그곳에 남아』라는 책을 읽었다. 설계사무소에 다니는 주인공이 건축을 배우고 일하는 과정을 담은 소설로 국립 현대도서관 설계 경기 응모 과정을 그리고 있다. 계획안이 거의 완성 단계에 이른 시점에 핵심 건축가가 쓰러지면서 결국 다른 이에게 설계 일을 빼앗기고 만다. 그로 인해 설계안은 실현되지 못한다. 하지만, 이 책에서는 시대와 시간의 흐름이 미처 생명을 불어넣어 주지 못한 모형과 도면도 '누군가의 마음에 깊이 각인되는 것'이며, 설계안에 참여한 많은 건축가에 대한 '진혼곡'이라 한다.

'건축은 누군가의 마음에 깊이 각인되는 것'이라는 문구가 큰 의미로 다가온다. 설계한 사람이나 이것을 체험한 사람의 마음속에 남겨지는 것이 건축이라는 의미이다. 건축물의 전체적인 분위기, 구성 요소, 재질(질감), 공간, 색상, 형태는 사람의 기억과 마음속에 남겨진다. 건축하는 사람의 자세와 사명, 건축물이라는 존재 가치와 의미를 다시 생각하게 만든다.

사야마 저수지는 280만㎡의 저수량을 자랑한다. 일본에서 가장 오래된 저수지이지만, 김제의 벽골제보다 300년 정도 늦게 축조되었다. 또한, 백제에서 전수한 기술로 축조되었다는 사실도 흥미롭다.

사야마이케 뮤지엄은 역사와 환경이 주제다. 건축물이 역사를 기억하게 하는 방법, 역사를 전하는 방법을 보여준다. 지역에 대한 애정과 자부심을 느끼게 해주는 뮤지엄은 계절에 따라 새로운 풍경을 만들어 낸다. 그리고 인간의 기억은 다음 세대로 계승된다. 이 뮤지엄에는 풍부한 물과 녹음, 오래된 역사와 문화가 숨 쉬고 있으며 역사적 의미를 새길 수 있는 장소로 거듭나고 있다.

이 뮤지엄도 내 마음속에 오래 남아 벚꽃이 필 무렵이면 생각나곤 한다. 아직도 바람에 흩날리는 벚꽃이 손에 잡힐 듯하며 경쾌한 물소리가 귓가에 들리는 듯 생생하다. 쏟아지는 물의 기억을 잊을 수 없다.

빛(光)
하코네의 숲속에 숨은 빛의 미술관

폴라(Pola) 미술관
Hakone, Kanagawa prefecture in Japan

닛켄 설계의 기원은 1900년에 설립된 스미토모 본점 임시 건축부이다. 현재의 법인격으로 설립은 전후 스미토모 상사 회사로 출범한 일본 건설 산업(현:스미토모 상사)의 건축 부문을 본래의 건축설계 감리 업무에 복원하기 때문에 상사 회사에서 분리 독립한 것이다. 1950년에 닛켄 설계 공무(주)를 신설하고 이 새 회사에 건축 부문이 양도됐다. 역사적 경위로부터 스미토모계 기업과의 연계가 강하며, 스미토모계 빌딩 대부분을 다루고 있다. 국내외 유명 건축가와의 공작도 많다(예:국제 어린이 도서관, 사이타마 슈퍼 아레나 등). 호치민의 도시 재개발 마스터 아키텍트로 지정되었다.

건축 기획·설계 감리 도시 및 지역 계획 및 이것과 관련한 조사 기획 컨설팅 업무/대표자
: 카메이 타다오(亀井 忠夫)
설계: 닛켄설계(日建設計, Nikken Sekkei Ltd)
시공: 竹中工務店

건축물 개요

- **위치**: 神奈川県足柄下郡箱根町仙石原
  小塚山 1285
- **대지면적**: 12,021㎡
- **건축면적**: 3,389㎡
- **연면적**: 8,098㎡
- **층수**: 지상 2층, 지하 3층
- **구조**: 철골조, 일부 철골철근콘크리트조, 전관면진구조
- **최고높이**: 평균 지반고 +8.0m
- **공사기간**: 2000년 4월~2002년 5월
- **공간구성**: 전시실 5개, 강당 100석, 정보 코너, 뮤지엄 숍 2개, 카페, 레스토랑

폴라 미술관(Pola museum of art)

기업 이념과 미술관의 탄생

단풍이 짙게 물던 가을이었다. 하코네 토미빌라 호텔에서 1박을 하고 호수를 건너는 배를 타고 미술관으로 향했다. 자연 속에 감추어져 있다. 폴라 미술관은 자연과 하나가 되어 산속에 있어 미술관의 존재를 알아차리지 못하고 지나칠 정도다.

폴라 그룹은 미(美)와 건축 사업을 통해 평화로운 사회로의 번영을 추구한다. 이것을 통해 문화 향상에 이바지하는 것을 기업 이념으로 내걸었다. 폴라 그룹은 일본 문화와 미술을 연구·보급하는 사업에 전념해 왔다. 폴라 미술관은 '하코네(箱根)의 자연과 미술의 공생'이 주요 개념이다. 이것을 실현하기 위해 주변 환경과 조화되도록 건축물 전체를 땅 아래에 두어, 숲의 풍경 속에 미술관이 녹아드는 형태로 만들어졌다.

2002년에 개관한 폴라 미술관에는 총 9,500점에 달하는 컬렉션이 전시되어 있다. 폴라 그룹의 사주였던 고 스즈키 쇼지(鈴木常司)가 40년에 걸쳐 수집한 것이다. 컬렉션 중심은 19세기 프랑스 인상파와 에콜 더 파리 등 서양화 400점이며, 일본 양화, 일본화, 동양 도자기, 일본 근대 도자, 유리 공예, 화장 도구 등 컬렉션의 폭이 굉장히 넓다.

미술관 건립은 고인이 수집한 인상파 작품을 "하코네 자연 속에서 공개하고 싶다."라는 생각에서 시작되었다. 하지만 미술관 용지는 도심에서 멀고 많은 사람의 방문을 기대하기 어려운 사업상 불리한 조건, 즉 위치적, 비즈니스적 측면에서 단점을 안고 있었다. 또한, 습기와 특유의 화산 가스가 미술품에 끼치는 물리적인 영향과 제약, 8m 건축 높이 제한, 엄격한 건축면적 규제, 형태 제한과 같은 법적 사항도 풀어야 할 숙제였다. 설계 중에는 한신 아와지(淡路) 대지진이 발생했다. 그래서 지진과 같은 자연재해가 일어날 때 대비하는 기술적 대응도 중요한 사항으로 검토되었다.

  이 모든 핸디캡에도 불구하고 발주자, 설계자, 관청, 시공자가 각자의 입장을 초월하여 협력한 덕분에, 처음에 목표로 했던 미술관이 만들어졌다. 미술관 구상에서 실현까지 10년이란 시간이 소요되었지만, 그 과정에서 발생한 수많은 갈등과 어려움, 아쉬움을 극복하여 모두가 만족할 만한 열매를 맺었다. 폴라 미술관에서는 자연의 푸름과 편안함, 그리고 치열한 인간의 고뇌로 빚어낸 귀중한 예술 작품을 감상할 수 있다. 자연 속 미술관이다.

접근성과 사전 조사

  폴라 미술관은 하코네에서 시모유온천(下湯温泉)으로 가는 도로변에 있다. 주차장은 미술관 동쪽에 있다. 미술관으로 가기 위해서는 주차장에서 다시 버스 정류장 방향으로 이동해야 한다. 그다음 다리를 건넌다. 건축물 입구에서는 미술관의 전모가 보이지 않는다. 미술관이 지면 아래에 있기 때문이다. 주 출입구를 통해 안으로 들어가서 에스컬레이터를 타고 지하 공간으로 내려간다. 그러면 미술관 내부와 유리로 된 지붕과 벽 너머로 하코네의 자연이 서서히 눈에 들어온다.

미술관을 연결하는 다리

부지는 후지 하코네 이즈(伊豆) 국립공원 내 코주카(小塚)산 기슭에 있다. 산림 한가운데를 개발하여 건물을 지었다. 수령 300년생 너도밤나무 군락이 미술관 주변을 감싸고 있다. 풍부한 자연을 배경으로 본래 장소가 보유하고 있는 동식물 생태계를 최대한 손상하지 않고, 건축이 환경과 공존하면서 존립할 수 있도록 배려했다.

미술관 대지는 기업 소유지이다. 울창한 자연림에 둘러싸인 대지는 아름다운 자연 보전과 개발이라는 명제 사이에서 관계자의 오랜 고민과 연구를 거듭할 수밖에 없게끔 만드는 요소였다. 숲 일부를 미술관으로 탈바꿈시킨 것이다. 미술관은 절구 형태로 파인 원추형 구조물 속에 전체가 매립되어 있다. 그렇지만 지하형 미술관과는 차이가 있다. 건축물이 지형에 묻혀 있지 않다. 미술관의 기초가 지면 아래에 있고 건물 높이는 낮다.

건물을 짓기 위한 사전 조사는 충실함을 기했다. 부지 내 동식물과 지형, 지질, 물의 흐름(水流)을 상세히 조사했다. 얕은 못과 골짜기는 피하고 본래 부지가 가진 동식물 생태계를 손상하지 않고, 환경 훼손이 가장 적은 곳을 미술관 자리로 선정했다. 이러한 조사와 검토 결과를 바탕으로 도로에서 40m 정도 떨어진 곳이 미술관 위치로 결정되었다. 미술관 터는 지질 상태, 생태계 영향, 건축적 고려, 접근성을 참작하여 정해졌다.

지형을 이용한 배치와 구성

대지가 가진 지형적인 형상은 미술관의 공간적 특징과 성격을 결정짓는다. 여기서는 자연 속에 건축물을 묻어 그 형태가 드러나지 않는다. 건물 높이는 8m에 맞추어져 나무와 나무 사이에 가려져 있다. 방문자는 너도밤나무 숲속에 놓인 가늘고 긴 어프로치 다리로부터 유리로 된 엔트런스 홀로 인도된다. 미술관 내부로 발을 옮기면 넓은 유리창을 통해 울창한 코주카산의 풍경이 펼쳐진다.

방문자는 지상에서 수직 이동 장치, 즉 에스컬레이터를 이용하여 지하 공간으로 이동한다. 그 장소적 특성에 아주 적합한 접근 방식이 아닐 수 없다. 에스컬레이터가 하강할 때, 마치 미지의 세상으로 빨려 들어가는 기분이다. 자연 속에서 비로소 건축의 영역, 미의 세계로 진입하는 의식처럼 느껴진다. 이 점은 오사카 국립 국제미술관의 접근 방식과 유사하다. 에스컬레이터가 단숨에 지상에서 지하로 관람객을 이끈다.

외부에서 내부로 진입하는 방식은 유사하지만, 내부 공간 느낌은 전혀 다르다. 오사카 국립 국제미술관은 도심에 위치하므로 자연을 접하지 못하지만, 폴라 미술관은 자연에 포위되어 있다. 자연이 내부로 거침없이 밀려 들어오는 '전원형 미술관'이다.

지하에 만들어진 미술관이지만 안도 다다오의 치추 미술관과도 다르다. 우선 접근 방식이 다르다. 치추 미술관은 수평적인 공간으로 진입한 후 지하 공간으로 이동하지만, 폴라 미술관은 지상에서 지하로 단번에 이동한다. 에스컬레이터라는 수직적 장치로 지하 영역으로 유도된다.

내부로 진입시키는 에스컬레이터

자연과 공존하는 하이테크 건축

폴라 미술관은 자연에 둘러싸여 있다. 설립자는 왜 자연 속에 미술관을 지은 것일까? 자연을 즐기며 동시에 예술을 감상하는 것은 더할 나위 없이 행복한 일이다. 폴라 미술관 설립자와 건축가는 건축을 통해 자연의 질서를 되찾고 자연과 예술의 도움 속에서 인간의 감성을 회복시키고자 의도했다.

투명한 유리로 지붕을 얹은 입구는 미술관의 출입구임을 분명하게 알려준다. 방문객은 숲을 지나 연결 브리지를 통해 출입구에 도달한다. 출입구 홀에서 지하 2층에 있는 아트리움(atrium) 로비까지 한 눈에 볼 수 있는 구조이다. 뚫린 공간은 넓고 크다. 그로 인해 개방적인 인상을 주며 내부로 유입되는 빛의 양이 풍부하다.

우선 입구에 들어서면 있는 듯 없는 듯 착시를 일으키는 미술관 유리 천장이 방문자를 맞이한다. 자연과 공존하는 또 하나의 방식을 보여주는 투명함이다. 이에 따라 투명하게 만들어 빛과 바람 소리를 내부까지 전달된다. 특히 이 점이 눈에 띈다.

건축이 자연과 공존하는 방식은 건축가에 따라 다르다. 땅속에 건물을 넣어서 건물 상부를 마치 원래 자연 상태였던 것처럼 공원을 만드는 사람이 있고, 자연 요소를 내부로 직접 삽입하는 사람도 있다. 가끔은 건물을 들어 올려서 땅을 사람과 자연에 할애하는 때도 있다.

자연 속에 파묻힌 미술관

　폴라 미술관에서는 땅속에 건물을 넣는 방법을 채택했다. 구조체를 만들어 그 속에 건축물을 삽입하여 자연과 관계 맺는 방식을 적용했다. 건물 바닥은 지면에 붙어 있지만, 나머지 네 면은 지면에 떨어져 있다. 그래서 건물 벽이 흙 압력을 받지 않는다. 외곽의 토목 구조물이 흙 압력, 지진, 배수의 기능을 담당한다. 건축물의 보호막같이 외곽부에 구축되어 자연과 건축이 일체화되어 공존한다. 건축이 자연의 품에 안겨 외관을 뽐내지 않는다.

빛과 푸름을 느끼는 미술관

폴라 미술관의 마감과 디테일(detail)에도 투명함이 묻어난다. 디테일이란 상세함, 즉 어떤 한 부분을 크게 확대하여 자세하게 표현한 것이다. 건축에서 서로 다른 재료가 만날 때 예를 들면 유리가 금속과 만나든지, 금속이 콘크리트와 만나든지, 아니면 유리창과 이를 지지하는 유리 부재가 만날 때 접합, 연결 부분을 처리하는 방식이 일종의 디테일이다. 폴라의 건축적 디테일은 훌륭하다. 디테일을 단순하게 처리하여 시각적으로 외부 풍경을 전혀 차단하지 않고 외부 자연이 내부로 유입될 수 있도록 처리되었다.

내부에서 밖을 바라봤을 때 시선에 제약을 줄 수 있는 복잡한 디테일은 피하고 가능한 한 간단하고 투명하게 처리했다. 재료와 공법 모두 폴라 만의 기본적 설계 개념을 강화하는 방향으로 쓰여 기대 이상의 효과를 보여준다.

미술관 천장은 유리로 덮여 있다. 철물도 사용되었지만, 느껴지는 것은 온통 유리의 투명함뿐이다. 창이 액자와 같은 역할을 하여 풍경을 담는다. 폴라 미술관은 많은 부분을 유리로 마감하여, 내부에서도 수목의 푸름과 상쾌함을 만끽할 수 있도록, 자연 속에 있는 건물의 장점을 극대화했다.

미술관 내부 전경: 투명한 유리를 통해 실내로 유입되는 자연

단순한 평면 구성과 특성

미술관 평면은 십자(+) 형태로서 지름 76m의 원형 테두리 안에 구성되어 있다. 건축물은 지하 3층 규모의 절구 형태 구조체이다. 미술관에 필요한 기능 전부가 기하학적인 평면 속에 담겨있다. 내부 공간에는 십자 형태의 천창(top light)을 통해 자연광이 들어오고, 로비를 중심으로 전시실과 각 실을 배치하여 동선이 명쾌하다.

십자형 천창은 건물의 위치적 특성을 반영한 조치다. 즉 산에 구덩이를 파서 그곳에 건축물을 밀어 넣은 형태이기 때문에, 건물 사방으로 창을 낼 수 없는 입지상 단점을 보완하기 위해 지붕에 커다란 천창을 두었다. 천창을 통해 내부로 빛을 유입하고 개방성을 높이는 기법을 채용했다. 미술관이 위치한 장소적 특성을 건축적 발상으로 풀어낸 결과다.

또한, 미술관은 지하 2층, 아트리움 로비까지 한눈에 볼 수 있도록 뚫려 있어 처음 방문한 사람도 한눈에 내부 구성 전체를 파악할 수 있다. 에스컬레이터를 타고 1층으로 내려가면 로비와 입장권 카운터, 뮤지엄 숍, 레스토랑이 있다. 지하 1층에 기획전시실이 있고 지하 2층에는 수집품을 전시하는 회화, 유리 공예, 화장 도구, 동양도자기 전시실이 있다.

이 미술관에서 로비는 중요한 역할을 담당한다. 동선을 관장하는 로비 공간을 넉넉하게 만들어 방문자가 헤매는 일 없이 내부를 둘러볼 수 있다. 평면은 십자형으로 로비를 중심에 두고 전시실과 제반 실들이 로비를 둘러싼 단순하고 명쾌한 구성이다. 로비의 제일 앞부분에 배치된 카페에서는 커다란 창을 통해 자연림의 풍부한 풍경을 볼 수 있다. 미술관 자체가 하코네의 깊고 울창한 숲으로 둘러싸여 있음이 실감 난다. 자연과 빛을 주제로 한 창의적이고 참신한 미술관 건축의 예를 보여준다.

네 군데 모서리에 배치된 삼각형 데크(deck)는 각 층에서 직접 외부로 피난할 수 있다. 이곳은 공조와 배연 설비 공간(service space)으로 유용하게 이용된다. 어중간한 공간에 적절한 용도를 부여하여 공간의 활용도를 높였다. 서비스 공간을 확실히 분리한 건축가의 아이디어와 재치가 돋보인다.

건축 구조와 안전성

미술관 구조는 완만히 경사진 원형(元型) 절구 형태다. 여기에 면진(免震) 고무를 설치하고 그 위에 건물을 놓은 수법을 채용했다. 실험적인 건축물이다. 구조체에 면진 고무를 설치하여 건물을 구조적으로 지지하며, 면진층이 단단히 지탱한다.

원형 구덩이는 지하 수맥을 고려했고 토사 압력에 대한 안전성도 확보했다. 건축가는 완전 면진 구조를 적용하여 건축물을 원형 구덩이에 띄우는 방법을 선택했다. 이것은 인간과 미술품을 지진이나 높은 습도로부터 보호하는 '메인터넌스 건축(maintance architecture)'의 실현이다.

미술관 구조를 보여주는 절구 형태의 구조물

이러한 구조상의 결정, 교체할 수 있는 재료 선택으로 수명이 훨씬 긴 건물을 탄생시켰다. 전체 구조를 철골조로 만들어 자연경관과 조화를 고려하였고, 프리캐스트 콘크리트와 같은 공장에서 생산된 제품을 사용했다. 자연 보호 관점에서 공사 단계에서는 폐자재 발생을 최대한 자제했으며, 폐기물 및 오염 발생을 억제하기 위해 현장 작업도 최소화했다. 이 방식은 미술관이 위치한 숲이라는 장소와 현장성을 염두에 둔 조치로서 설계자, 시공자의 섬세한 배려와 수고, 미래 건축의 시공 방향을 짐작하게 한다.
　건축물 높이는 자연공원법 기준에 따라 8m로 제한되었다. 지상으로 8m만큼만 올라온다. 미술관은 많은 나무로 은밀하게 가려져 있어 위압감을 주지 않는다. 건축물 높이와 장소, 경관적 측면을 고려하여 주변 환경을 훼손하지 않으며 거부감도 주지 않는다. 건축물이 자리 잡은 장소적 특성을 최대한 고려하였기 때문이다.

빛 환경 디자인과 조명 설계

　미술관 내부는 빛으로 가득하다. 아트리움과 빛 벽(光壁, 광벽)이 그 역할을 담당한다. 지상 2층에서 지하 2층까지 미술관 중심을 관통한 아트리움에는 천창에서 자연광이 쏟아진다. 남측에는 높이 20m의 빛 벽(반사 벽)이 치솟아 있어 온화한 빛으로 둘러싸여 있다. 이 거대한 빛 벽으로 인해 태양의 움직임에 따라 빛의 표정이 미묘하게 변화한다. 내부로 유입된 빛은 따뜻하고 편안한 느낌을 준다.

빛 벽은 거대한 스크린이다. 외부에서 반입되는 것은 햇살뿐만이 아니다. 미술관 내부에서 감지되는 넓은 하늘과 숲, 바람에 살랑거리는 나뭇잎, 숲속 변화로 인해 분위기가 바뀌는 자연과 일체화된다. 숲속에 위치하는 장소적 장점을 건축적 요소를 담아냈다.

카페에서도 자연림의 푸름과 알록달록한 단풍의 아름다움을 마음껏 누릴 수 있다. 사람도 미술관도 풍요로운 하코네의 자연 속에 편안하게 안겨 있다. 빛 벽은 시시각각으로 변화하는 빛의 표정을 그대로 비춰 준다. 벽에 내장된 광(빛) 튜브가 점등되는 황혼 무렵까지 하늘로 서서히 뻗어 나가는 대나무 숲의 느낌처럼 자체적으로 빛을 발산하는 발광체로 변화해 간다.

이 미술관은 전시를 위한 조명 계획에도 심혈을 기울였다. 미술작품 전시와 보존이라는 다소 상반되는 문제를 고려하여 빛 환경을 섬세하게 조절했다. 조명설계는 중요한 작품을 보존하면서 편안한 감상이 될 수 있도록 보존과 전시를 최우선으로 참작하여 전시 조명의 빛, 색온도를 연구하여 적용했다.

그 결과 광섬유 조명을 채택했다. 광섬유 조명은 광원 도구와 비치는 면을 유리질인 광섬유에 의해 분리했다. 이것은 작품에 대한 열 영향 최소화, 작품 변색과 퇴색을 방지하기 위한 자외선 제거, 빛의 질 조절, 안전한 위치에서 전구 교체로 내구성을 향상한 것 등 다양한 장점이 있다.

또한, 가동전시 벽면 상부에 형광등 업라이트를 설치하여 간접조명이 작품에 부드러운 빛을 확산, 반사하도록 만들었다. 작품을 감상하기 위한 광섬유 조명은 조사(照査) 면의 빛의 질을 제어하고, 자세한 밝기 제어와 함께 다양한 전시 조명 계획에 대응할 수 있는 시스템이다.

천창을 통해 들어오는 빛(시간의 변화에 따라 빛도 변화한다.)

전시 벽면 상부의 간접조명인 형광등 업라이트와 작품을 감상하기 위한 광섬유 조명으로 치밀한 조명설계에 의한 빛 연출이 다채롭다.

특히 광섬유 조명 기구와 특수 광원 기기가 이 미술관을 위해 새롭게 개발되었다. 그래서 다른 곳에서는 찾아볼 수 없는 전시 환경을 조성했다. 전시 케이스도 기밀성을 중시한 것으로 톱라이트에서 케이스 전체를 비춘다. 케이스에 설치된 틈(slit)을 통해 밑에서부터 아주 은은한 빛이 발산된다. 최신의 광섬유 조명은 케이스 내 작품에 열 부하 영향을 최소화하며, 전시 작품의 아름다움을 극대화한다.

방문자는 우수한 작품과 아름다운 자연, 그리고 자연광과 최적의 조명 시설이 어우러진 폴라 미술관에서 한층 격조 높은 미(美)의 세계를 탐험할 수 있다.

숲 산책로와 자연

숲속에 있는 폴라 미술관의 위치적 장점을 살린 숲길은 더할 나위 없는 휴식을 준다. 길이 670m의 숲길을 산책하려면 30분 정도의 시간이 소요된다. 산책로를 걷다 보면 너도밤나무가 무성한 하코네 이즈 국립공원의 자연을 즐길 수 있다. 사계절 내내 야생 조류가 지저귀는 노랫소리를 들으며 작은 야생 동물 모습도 볼 수 있다. 예술을 감상한 후에는 자연 속에서 마음의 안정을 취할 수 있다.

건축가는 미술관을 76m의 원 내로 집약시켜 자연과 공존하면서도 자연으로부터의 영향을 최소한 억제해, 자연 보전과 개발에 대한 해답을 도출했다. 입체적 구성의 입구로부터 쏟아져 내려오는 빛과 내부 카페, 레스토랑에서도 볼 수 있는 수림을 통해, "인상파 회화를 자연 속에서 보여주고 싶다."라는 스즈키의 바람을 현관에서 홀에 이르는 동선을 따라 방문객에게 전한다.

엔트런스부터 홀에 이르는 빛 벽(光壁), 광섬유 조명과 PCA 판 천장의 전시실, 단순한 디테일의 전시 케이스, 바닥에 설치된 공조(바닥 급·배기 공조) 등 첨단의 기술을 구사하면서도 효과적으로 제어할 수 있는 설비가 전시품을 돋보이게 한다. 이 미술관에서 유리는 자연과 건축물의 경계를 물리적으로 나눈다. 하지만 투명한 유리는 외부 자연을 유입시켜 숲속에 있는 감흥을 준다.

미술관 건립은 신뢰 관계에 있는 발주자, 설계자, 시공자가 구상 단계에서부터 준공에 이르기까지 긴밀한 연대 의식으로 협력하여 난제들을 해결한 결실이다. 이러한 성과를 인정받아 폴라 미술관은 하코네의 자연 속에서 많은 건축가, 미술 애호가에게 사랑받고 있다. 하코네에 간다면 꼭 폴라 미술관을 들러볼 것을 추천한다. 빛과 숲, 건축과 예술을 가슴 깊이, 마음으로부터 즐길 수 있는 기억되는 여행이 될 것이다.

지형(地形)
땅속에 숨겨진 비밀스러운 하나뿐인 미술관

치추(地中) 미술관
Naoshima, Kagawa prefecture in Japan

1941년 오사카 출생, 독학으로 건축을 공부함, 1969년 안도 다다오 건축연구소 설립, 1979년 스미요시 주택으로 일본 건축학회상 수상, 대표작으로는 물의 교회, 빛의 교회, 물의 절, 오사카 치카아츠카역사박물관, 유메부타이, FARRICA, 포트워스 현대미술관 등, 예일 대학, 콜롬비아 대학, 하버드대학 객원교수 역임, 1997년부터 동경대학 교수, 프리츠커상 수상(1995년), UIA(국제건축가협회) 골드메달 수상(2005년), 예술문화훈장 Commandeur de l'Ordre des Arts et des Lettres(2013년) 수상을 비롯해 국내외 수상 다수

설계: 안도 다다오(Tadao Ando)
시공 : Kajima Corporation

건축물 개요

- **위치**: 香川県香川郡直島町3449-1
- **대지면적**: 9,990m²
- **건축면적**: 34.98m²
- **연면적**: 2,572.48m²
- **층수**: 지하 3층
- **대지면적**: 1000.00m²
- **시공**: 1999~2004
- **공간구성**: 뮤지엄 숍, 전시실, 사무실, 카페 등

치추(地中) 미술관(Chichu Art Museum)

자연과 나오시마

　나오시마(直島)로 가는 배는 1시간 정도 파도를 가른다. 시원한 바람이 불어왔다. 나오시마 미야노우라(宮ノ浦) 항구에 도착하니 그곳에는 투명한 건물, 마린 스테이션이 보이고 뒤에는 빨간 호박이 있다. 사람들은 빨간 호박으로 몰려간다. 하지만 가느다란 기둥이 넓은 지붕을 받친 투명한 마린 스테이션이 새롭다. 투명한 입방체 건축물이 인상적이다.
　나오시마를 일컬어 아주 긴 무단가출을 부추기는 갤러리 같은 섬이라 한다. 한때 작은 섬 나오시마는 자랑할 것 하나 없는 평범한 섬에 지나지 않았고, 인구도 줄고 오염되어 버려진 곳으로 간주했다. 하지만 섬에 지어진 치추 미술관으로 인해 타임지에 등장하면서 유명해졌다. 치추 미술관은 세계적인 건축과 예술 팬의 성지가 되어 베네세 하우스 뮤지엄과 더불어 나오시마를 대표하는 건축물로 평가된다.
　2004년 문을 연 치추 미술관은 안도 다다오가 설계했다. 지상이 아닌 지중(地中)에 만들어졌다는 점이 특이하다. 자연적 요소가 강한 섬의 입지적 특성을 고려하여 땅속에 건축물을 구축하여 자연과 조화를 이룬다. 미술관 내에는 인상파 화가 클로드 모네, 월터 드 마리아, 제임스 터렐의 작품이 전시되어 있다. 이 세 작가 작품을 영구히 전시하기 위한 미술관이다.

미술관 위치도(치추 미술관, 이우환 미술관, 베네세 하우스 뮤지엄이 모여 있다.)

    치추 미술관은 세 작가 작품이 가진 특성과도 잘 어울린다. 단순한 미술관이라기보다는 체험관이다. 빛과 그림자, 공간을 절묘하게 구획한 안도 다다오의 또 하나의 작품으로 인정받는다. 아티스트와 건축가가 상호 의견과 생각을 주고받으며 만들어진 미술관은, 건물 전체가 그 장소에서만 있을 수 있는 '장소 특정 작업(site-specific work)'을 통해, 만들어진 '맞춤형 미술관'이다.

    치추 미술관은 나오시마의 높은 언덕에 있다. 세토내해의 자연경관을 해치지 않기 위해 공간을 지하(地下)에 묻었다. 노출이 필요한 기능을 제외한 대부분 공간을 땅속에 구성하여, 지역의 아름다운 풍경을 살려 자연과 인간 그리고 예술 작품을 배려한 공간이다.

미술관 탄생과 접근성

1987년 베네세 그룹은 나오시마섬 절반을 매입하여 그곳을 예술의 공간으로 변경시키는 작업을 실행했다. 이 미술관은 '나오시마 예술의 섬 프로젝트' 중 하나로 나오시마 현대미술관에 이어 두 번째 사업에 해당한다. 일본 내에서보다 세계적으로 더 알려진 미술관으로서 건축 학도의 필수 방문지이다.

일반 관광객은 주로 다카마쓰(高松) 항에서 페리를 타고 미야노우라항구에 도착한다. 여기에 건축설계 그룹 사나(Sanna, 세지마 가즈오+니시자와 류에)가 디자인한 미야노우라항 터미널이 있다. 마린 스테이션(marin station)이라 불린다. 터미널은 단층 건물로서 투명한 유리로 감싸져 있으면서 아주 가는 기둥이 지붕을 받치는 구조다. 이 건축물은 파격적으로 수평적이다. 단순미와 절제미, 개방성과 투명성이 돋보이는 디자인으로 사나 건축의 특성을 강하게 보여준다.

터미널 근처에는 그림으로만 보았던 무당벌레 무늬의 커다란 빨간 호박이 놓여 있다. 이 호박은 설치미술가 쿠사마 야요이(草間弥生)의 유명한 작품이다. 빨강 바탕에 검은색 점과 구멍으로 된 이 작품에는 사람들이 친근하게 다가가 호박 속에서 얼굴을 내밀거나 만진다. 노란 호박과 함께 나오시마의 상징물(symbol)이다.

치추 미술관까지는 버스를 타고 이동한다. 물론 자전거를 타거나 천천히 걸어가기도 한다. 나오시마는 세 개 지역으로 나누어져 있다. 항구가 있는 마야노우라 지역, 미야노우라 섬 반대편으로 이에 프로젝트가 실현된 혼무라(本村) 지역, 그리고 치추 미술관과 이우환 미술관, 베네세 하우스, 베네세 파크 등이 있는 츠무우라(積浦) 지역이다.

쿠사마 야요이의 빨간 호박

미술관의 주 출입구

치추 미술관으로 가는 버스는 10분 정도 달린다. 정류장에 도달하면 미술관을 보기 위해 표를 사야 한다. 정류장 입구에는 치추 미술관을 안내하는 벽이 있다. 미술관에 대한 궁금증이 샘솟기 시작한다. 여기서 오르막길을 약 5분 정도 걸어가면 미술관에 다다른다. 미술관으로 가는 길에는 치추 정원이 있으며 꽃과 나무, 작은 연못을 아기자기하게 가꾸어 놓았다. 풀 한 포기, 돌 하나, 나무 한 그루까지 세심하게 가꾸는 일본인의 정서를 느끼게 한다.

미술관 입구에서도 형체는 전혀 보이지 않는다. 작은 게이트가 있는 입구에서 직원이 방문객을 맞이할 뿐이다. 건물 입구는 자칫하면 간과해 버릴 수 있을 정도로 다소곳하다. 약간 높은 언덕에 콘크리트 벽으로 된 가늘고 긴 개구부가 입구다. 한 겹으로만 세워진 가벽이 지상과 지하를 가르는 모습이다. 병풍과 같은 칸막이로 정신적 공간을 나누는 우리나라와 일본의 미의식과도 일맥상통하는 설계이다.

미술관은 땅속에 있다. 보이는 것은 입구로 유도하는 길과 벽, 콘크리트 개구부가 전부다. 이쯤 되면 궁금함은 극에 달한다. 이렇듯 미술관이 땅속에 있는 것은 나오시마의 아름다운 자연과 풍경을 보전하려는 안도 다다오의 아이디어이다. 언뜻 당연하게 여겨질 수 있지만 쉽지 않은 발상이다. 건축가는 자기 작품이 웅장하고 멋지게 시각적으로 드러나길 원한다. 하지만 안도는 진부하게 만들지 않았다. 그 장소에 가장 적합한 건축을 만들었다. 세상 어디에도 없는 독특한 개성을 유감없이 발휘한다.

위: 미술관의 입구이자 출구, 아래: 진입 통로

외부 세계와의 단절, 내부로의 연결

　방문자는 미술관으로 진입하기 전에 가장 먼저 콘크리트 벽을 마주한다. 벽 사이로 난 어두컴컴한 통로를 통해 내부로 들어간다. 콘크리트 개구부를 지나면 좁은 길이 나온다. 비로소 땅속에 감춰진 내부 공간이 모습을 드러낸다. 그 길을 따라 어두운 통로를 걷다 보면 어느새 지붕이 없어지고 파란 하늘이 시야에 들어온다. 무채색의 노출콘크리트 덩어리로 만들어진 통로는 차가운 느낌마저 든다. 내부 공간과 외부 공간이 교차적으로 등장한다. 미술관은 내부와 외부의 구분이 명확하지 않은 듯하다.

　건축가는 다양한 길과 통로를 만들어 이리저리 꺾어가며 공간을 주무른다. 방문자는 긴장감을 느끼며 거기에 맞춰 이동하며 오르내린다. 치추 미술관은 외부로 드러나는 형태를 포기하고, 내부 공간을 조직적이고 밀도 있게 나누고 연결했다. 지하 공간 자체를 작품으로 만들었다. 땅속 공간의 조합과 분리가 재미있다.

　엔트런스로부터 들어가면 먼저 사각 코트가 나타난다. 네 면에 있는 계단을 한 바퀴 돌면 한 층 위로 오른다. 지면에는 '속새'라는 풀이 심겨 있다. 수직으로 꼿꼿이 자라는 풀의 모습은 정방형으로 뚫린 공간과 호응한다. 이 앞으로 통과하는 가늘고 어두운 통로와 명암의 대비도 극적이다.

　뮤지엄 숍(지중 스토어)을 빠져나오면 통로로 나아간다. 삼각 코트와 전시실은 이 앞에 연속된다. 기울어진 높은 벽 사이를 걸어가면 비로소 땅속이라는 별세계에 들어온 것이 실감 난다. 한낮의 강한 태양 빛을 받아 하얗게 빛나는 콘크리트도 새롭다.

원주 '뮤지엄 산'의 삼각 코트(아래에서 올려다본 하늘)

삼각 코트 위를 올려다보면 삼각형으로 잘린 하늘 표정이 재미있다. 세 변을 둘러싼 계단과 통로의 슬릿(slit)으로부터 뚫린 중앙을 보는 것도 특별한 경험이다. 투명한 삼각형 조각을 보는 것과 같다. 작가 3인의 전시 공간이 삼각 코트를 둘러싸듯 배치되어 있다.

석재 파편이 깔린 중정 삼각 코트는 비어 있다. 삼각형의 하늘이 보이는 보이드(void)한 공간이다. 안도 다다오의 비어 있는 공간은 전혀 과해 보이지 않는다. 바람과 빛, 그림자가 시간대별로 형체 없는 빈 곳에 실체를 부여하면서 아우라(aura)를 창출한다.

삼각 코트는 벽이 수직으로부터 6° 경사져 있다. 6°라는 각도는 360°의 지구를 60으로 나눈 것이다. 경사진 채 서 있는 벽은 반대로 생각해 보면 대지에 단단히 서 있는 듯한 느낌이다. 벽에는 틈이 있지만 틈 어디에도 하중을 지지하는 구조물이 없다. 좁은 틈으로 빛과 바람, 비가 통과한다. 떠 있는 것처럼 보이는 것에서 소재의 중력을 떼어 놓아 비현실적인 부유감이 느껴진다.

미술관은 전체적으로 정삼각형, 직사각형, 정육면체형 중정을 중심으로 전개되는 전시 공간과 그것을 이어주는 옥외 연결 통로, 계단으로 구성되어 있다. 지하 공간에는 축이나 방향이 존재하지 않는다. 그러므로 땅속 공간을 구성하는 데에는 특이한 형태와 재료, 강한 개성이 요구됨을 알게 한다.

원주 '뮤지엄 산'의 삼각 코트(아래에서 올려다본 하늘)

삼각 코트 위를 올려다보면 삼각형으로 잘린 하늘 표정이 재미있다. 세 변을 둘러싼 계단과 통로의 슬릿(slit)으로부터 뚫린 중앙을 보는 것도 특별한 경험이다. 투명한 삼각형 조각을 보는 것과 같다. 작가 3인의 전시 공간이 삼각 코트를 둘러싸듯 배치되어 있다.

석재 파편이 깔린 중정 삼각 코트는 비어 있다. 삼각형의 하늘이 보이는 보이드(void)한 공간이다. 안도 다다오의 비어 있는 공간은 전혀 과해 보이지 않는다. 바람과 빛, 그림자가 시간대별로 형체 없는 빈 곳에 실체를 부여하면서 아우라(aura)를 창출한다.

삼각 코트는 벽이 수직으로부터 6° 경사져 있다. 6°라는 각도는 360°의 지구를 60으로 나눈 것이다. 경사진 채 서 있는 벽은 반대로 생각해 보면 대지에 단단히 서 있는 듯한 느낌이다. 벽에는 틈이 있지만 틈 어디에도 하중을 지지하는 구조물이 없다. 좁은 틈으로 빛과 바람, 비가 통과한다. 떠 있는 것처럼 보이는 것에서 소재의 중력을 떼어 놓아 비현실적인 부유감이 느껴진다.

미술관은 전체적으로 정삼각형, 직사각형, 정육면체형 중정을 중심으로 전개되는 전시 공간과 그것을 이어주는 옥외 연결 통로, 계단으로 구성되어 있다. 지하 공간에는 축이나 방향이 존재하지 않는다. 그러므로 땅속 공간을 구성하는 데에는 특이한 형태와 재료, 강한 개성이 요구됨을 알게 한다.

원주 '뮤지엄 산'의 삼각 코트(아래에서 올려다본 하늘)

삼각 코트 위를 올려다보면 삼각형으로 잘린 하늘 표정이 재미있다. 세 변을 둘러싼 계단과 통로의 슬릿(slit)으로부터 뚫린 중앙을 보는 것도 특별한 경험이다. 투명한 삼각형 조각을 보는 것과 같다. 작가 3인의 전시 공간이 삼각 코트를 둘러싸듯 배치되어 있다.

석재 파편이 깔린 중정 삼각 코트는 비어 있다. 삼각형의 하늘이 보이는 보이드(void)한 공간이다. 안도 다다오의 비어 있는 공간은 전혀 과해 보이지 않는다. 바람과 빛, 그림자가 시간대별로 형체 없는 빈 곳에 실체를 부여하면서 아우라(aura)를 창출한다.

삼각 코트는 벽이 수직으로부터 6° 경사져 있다. 6°라는 각도는 360°의 지구를 60으로 나눈 것이다. 경사진 채 서 있는 벽은 반대로 생각해 보면 대지에 단단히 서 있는 듯한 느낌이다. 벽에는 틈이 있지만 틈 어디에도 하중을 지지하는 구조물이 없다. 좁은 틈으로 빛과 바람, 비가 통과한다. 떠 있는 것처럼 보이는 것에서 소재의 중력을 떼어 놓아 비현실적인 부유감이 느껴진다.

미술관은 전체적으로 정삼각형, 직사각형, 정육면체형 중정을 중심으로 전개되는 전시 공간과 그것을 이어주는 옥외 연결 통로, 계단으로 구성되어 있다. 지하 공간에는 축이나 방향이 존재하지 않는다. 그러므로 땅속 공간을 구성하는 데에는 특이한 형태와 재료, 강한 개성이 요구됨을 알게 한다.

지형의 이용과 구축

안도는 대지를 잘 활용하고 다루는 건축가다. 젊었을 때부터 부지 계획을 중시하는 건축가였는데 고시노(小篠邸) 주택 이후 점차 지형을 대담하게 운용했다. 록꼬(六甲) 집합주택 프로젝트에서는 심하게 기울어진 땅(사면)에 도전했고, 산토리(suntory) 뮤지엄에서는 바닷가 부지를 이용해 바다와 건축의 새로운 관계를 만들어 냈다. 그로부터 약 20년 뒤 치추 미술관에서는 산의 경사면을 활용해 땅속에 기하학적 형태를 구축하는 실험에 성공했다.

안도는 건축에 입문할 무렵부터 현대 건축의 주제 중 하나인 '지하 공간 이용'에 대해 연구했다. 하지만 기술적, 경제적 문제로 시도되지 못하다가 치추 미술관 프로젝트를 통해 비로소 실현되었다. 지형과 일체화된 건축 구상을 발전시켜 지하에 입체적으로 전개되는 어둠과 밝음이 공존하는 공간을 제안했다.

지하 공간은 여러 가지 장점이 있다. 우선, 기후나 온도 등 수시로 변하는 외부 환경에 지배받지 않는다. 바깥이 아무리 춥거나 더워도 지표에서 5m 아래만 내려가면 지열 때문에 15°C 정도의 일정한 온도가 유지된다. 이것은 에너지 사용을 최소화할 수 있다는 뜻이기 때문에 친환경적이며 에너지 효율 측면에서 유리하다. 또 지하의 흙은 소음 차단 기능이 뛰어나다.

두꺼운 암반은 단단한 보호벽 역할을 한다. 충격을 적게 받기 때문에 물건을 보관하기에 적절하고 방사선을 차단할 수도 있다. 반대로 건축물을 지하에 두게 되면 공기 순환, 빛 등에 많은 제약이 따른다. 공사비와 흙 압력에 관련된 문제도 고려해야 한다.

카페 앞마당

외부로 돌출된 카페 상부 외관

이와 같은 사항들이 충족되지 못하면 지하 공간 구축은 불가능한 일이다. 지하 공간 구축에 대한 시도는 다양한 형태로 이루어진다. 이러한 이유로만 미술관 건축에 적용된다고는 볼 수 없지만, 지하에 만들어진 미술관이 전혀 어색하지 않다. 부지의 효율성도 높이고 지상 공간을 활용하거나 훼손하지 않으면서 개성적으로 풀어갈 수 있다. 오사카 국립 국제미술관도 이런 장점을 충분히 살렸다.

지하에 건축 공간을 구축하는 일은 당연히 쉽지 않다. 집을 짓는 것을 '구축(構築)'이라 해야 하는 이유는 '거기에 정신의 작용이 불가피하게 개재되기 때문이며, 이 정신은 스스로가 만들어 내는 신화에 의해 배양되기 때문'이다. 건축적 제작, 즉 건축 시공에는 예술적, 과학적, 윤리적인 모든 상황이 개입한다. 자의적인 것을 사용해서 필연에 도달하는 구축이라는 행위는 인간이 원하는 가장 아름답고 완전한 행동의 전형이다.

> 건축적 제작은 자연히 지적 반성을 수반하고 있지만 건축론에서의 지적 반성은 건축적 제작과는 표리관계에 있고, 그것은 당연히 제작과 같이 창조적인 것이 되어야 한다. 제작이란 우수한 정신작용이며, 정신이 자기와 정반대의 것을 질서 있게 작품으로 만들어 내게 된 자기 부정적인 작용이기 때문이다.
>
> **박재삼 역**, 〈건축과 시〉

안도는 지하라는 환경을 빌려 순수하게 작품을 감상하기에 최적화된 특별한 공간을 만들었다. 외부 세계로부터 차단된 세계에서 방문자는 예민하게 감각을 가다듬어 작품 감상에 집중할 수 있다. 대담한 구상으로 이제까지 안도 건축 중 지하 공간 이용에 대한 지향점에 가장 근접하게 다다른 작품으로 평가된다.

건축물이 지어지는 장소의 미묘하고 다양한 조건을 존중하면서 하나씩 해답을 찾아가는 과정에서 건축가의 끈질긴 집념과 창조성은 빛을 발한다. 지상에 우뚝 솟아 경관과 스카이라인, 맥락(context)에 맞지 않는 건축물은 좋은 건축이 아니다. 장소적 특성에 잘 부합되는 것이 좋은 건축이다. 지하 공간이 장점이 많다고 해서 미술관을 지하에 둘 필요는 없다. 부지의 장소적 특성에 적합한 방안이 적용되어야 하며 건축가의 감각과 기술적 문제 해결로 그 장소에 적합한 건축을 만들어야 한다.

미술품을 담는 건축적 그릇

미술관 규모는 상상을 초월한다. 빙산의 일각처럼 지상으로 보이는 부분은 조금뿐인데 그 지하에는 무한의 시간과 공간이 펼쳐져 있다. 평면 형태도 지면으로 드러나는 것과 같이 삼각형, 사각형, 직방형이다. 자연 속에 파묻힌 기하학적인 구조는 상호 연결된다. 공간은 복도와 통로, 계단, 엘리베이터의 조합으로 채워져 있는데, 복잡한 미로와 같은 공간구성은 안도 다다오 건축에서 흔히 찾아볼 수 있는 특징이다.

콘크리트 벽과 통로를 지나면 엘리베이터가 있다. 우측으로 사각 코트의 계단을 오르면 2층에 도달하고 안내대와 뮤지엄 숍이 있다.

좁고 긴 통로를 지나서 삼각 코트를 지나면 또 다른 공간에 다다른다. 제임스 터렐과 클로드 모네의 전시장이다. 터렐의 작품이 전시된 공간에서는 푸른 하늘이 우리 몸 가까이 내려온다. 흰빛이 공중에 정육면체를 만들어 낸다. 월터 드 마리아 전시실에서는 거대한 계단실 벽면에 둔 작품들이 금색으로 반짝이면서 종교적인 분위기를 연출한다.

모네 전시실에는 신발을 벗고 실내화로 갈아 신고 들어가야 한다. 회칠한 벽과 대리석을 깐 바닥이 펼쳐져 있고 들어가는 입구 귀퉁이는 둥글게 처리되어 있다. 이 방에서는 마치 우주 공간에서 모네의 수련을 만나는 것 같은 환상적인 체험에 빠진다. 일반적인 다른 미술관에서 작품을 단순히 보는 것이라면 치추 미술관에서는 작품을 온몸으로 체험한다. 이러한 작품 체험은 건축 공간과 상호 작용 없이는 불가능하다. 마치 미술작품의 감상 기법을 연구하는 지하 실험실 같다.

홀에서 엘리베이터를 타거나 삼각 코트의 외부 계단을 내려가면 지하 2층에 도달한다. 삼각 코트 옆 통로(복도)는 벽을 절단하여 그 슬릿(slit) 사이로 날카로운 빛이 투과된다. 안도 건축의 특징적 요소로 시공 기술의 대담함을 보여준다. 지하 2층 홀에서 직진하여 내려가면 카페에 도달한다. 맨 아래층에 카페가 있고 카페 앞에는 빈 공간이 전개된다. 세토내해가 눈앞에 다가온다. 카페에서는 넓은 창을 통해 바다를 조망할 수 있고 개방된 시야와 더불어 시원한 바람을 느낄 수 있다. 염전이 있었던 곳에 인접한 카페는 치추 미술관을 외부에서 볼 수 있는 몇 안 되는 지점(spot)이다.

삼각 코트와 사각 코트는 계단을 통해 동선을 연결하지만 비어 있는 공간이다. 안도 건축에서 종종 볼 수 있는 빈 공간이다. 원주의 '뮤지엄 산(Museum SAN)'에서도 비어 있는 삼각 코트를 볼 수 있는데 이곳을 통해 바람과 햇빛이 들어온다. 지하 공간의 여백이다. 비움과 채움이라는 양면성을 가진 건축물은 고요함 속에서 강렬함을 품고 있다. 이러한 비움과 채움의 공간이 건축물 안에서 반복된다.

 안도 다다오는 '공간 비례, 기하학적 구조 그리고 절제된 빛'이라는 그만의 전문적인 기술로 평온하고 명상적이며 지적인 공간을 창조한다. 노출콘크리트로 마감된 회색의 내부 공간은 차갑고 세련된 이미지를 준다. 안도 특유의 단순하고 기하학적인 형태, 빛의 전략적 사용, 철과 유리의 조합, 정교하게 시공된 깨끗한 노출콘크리트 등은 웬만한 건축가는 흉내 낼 수 없는 건축 장인의 노력과 실력을 엿볼 수 있다.

빛의 연출

 안도 다다오는 땅속에 공간을 만들어 그곳에 어떤 방식으로 빛을 끌어들일 것인가를 고민하여 효과적으로 실현했다. 지하 공간은 자연광이 쏟아져 들어와 시시각각으로 달라지는 빛을 통해 작품이나 공간의 표정이 다양하게 변화한다. 건축물은 지상으로 드러나지 않고, 빛이 쏟아지는 개구부만 드러난다. 공간은 오로지 지하, 땅속에 존재한다. 자연경관을 배려한 건축가의 착상에서 비롯되어, 자연경관이 수려한 장소적 특성을 반영한 실체적 공간만이 땅속에 안정적으로 구축되었다.

유리가 끼워진 슬릿한 개구부(원주 뮤지엄 산)

만약 산 위에 우뚝하게 솟은 높고 화려한 건축물을 지었다면 어땠을까? 그 위압적인 느낌은 상상하고 싶지 않다.

미술관 대지는 언덕의 남쪽 경사면으로 옛 염전이 있었던 곳이다. 안도는 "자연에 둘러싸인 건축, 풍경을 계승하고자 하는 주제를 한 층 더 부각하기 위해 모든 것을 땅속에 묻었다. 땅속의 어둠 속에서 공간을 떠오르게 하는 것은 '빛(light)'이다. 빛을 의지하고 클로드 모네와 월터 드 마리아, 제임스 터렐과의 만남을 즐길 수 있는 그런 비일상적인 공간을 고대했다."라고 한다. 이 미술관은 추상화된 자연과 빛, 예술 작품이 어우러져 고요하고 영적인 공간으로 탄생하는 지극히 일본적인 건축물이다.

> 안도 다다오는 콘크리트와 자연 그리고 빛을 소재로 매우 일본다운 정적(靜的) 공간감을 창조했다. 그의 건축은 비움을 통해 자연과 빛을 들여옴으로써 초현실적 자연을 새롭게 경험하도록 한다. 빛을 통해 건축은 매우 묵상적인 특징을 지니며, 재료의 물성(物性)을 초월한 영적 공간으로 탄생한다.
>
> **자예 애베이트, 마이클 톰셋**, 〈건축의 거인들, 초대받다〉

보이지 않는 환경으로서의 건축

위대한 건물은 '예측할 수 없는 것'으로 시작되어야 한다는 말이 있다. 치추 미술관이 딱 그렇다. 건축물이 보이지 않기 때문에 건물의 형태를 예측할 수 없다. 지상으로 드러난 것은 방문객을 맞이하는 게이트와 미술관 입구임을 알려주는 콘크리트 벽, 내부로 접근을 유도하는 통로, 미술관의 카페 앞 여유 공간뿐이다. 카페에서는 차 한 잔의 여유를 느끼며 바다를 무한정 감상할 수 있으며 미술관에서 가장 개방적인 공간이다.

건물을 짓는 것은 자연이나 환경을 파괴하는 행위임을 부정할 수 없다. 건축 행위가 자연에 영향을 미치는 것은 불가피하다. 자연을 건드리지 않고는 건축물을 지을 수 없다. 건축가는 자연의 손상을 최소로 하여 집을 짓기 위해 고군분투한다. 건축을 위해 자연에 대한 일차적인 훼손은 이루어질 수밖에 없지만, 건축적 행위 후 시간이 지나면 자연과 건축은 일체가 된다.

치추 미술관은 한마디로 상상력을 불러일으키는 '보이지 않는 건축'이다. 땅속에 구조체를 구축한 이 미술관은 비모뉴멘탈하다. 건축이 사람의 상상력을 환기하고 예술이나 자연과의 대화를 불러일으키는 장치가 된다. 이러한 콘셉트에 근거하여 추상적인 기하학 형태를 조합한 건축물을 땅속에 구축했다. 형태를 강조하지 않은 '무형의 미술관'이다.

세토내해 국립공원이라는 자연환경을 최대한 보호하기 위해 지붕의 모양, 높이 등 고려해야 할 조건이 많았다. 여기서 안도가 의식했던 것은 단지 '공간'만을 감지할 수 있는 '드러나지 않는 건축'이다. 보이지 않기 때문에 방문객은 부지불식간에 미술관 안과 밖을 오가며, 예술과 건축 그리고 풍경이 맺고 있는 관계를 즐긴다. 예술 또한 미술관이라는 프레임에 묶일 필요가 없다. 자연을 배경으로 하는 미술관 주변이 작은 전시장이다.

 이 미술관은 자연과의 절묘한 조화가 빚어내는 건축 미학을 보여준다. 미술관 내부는 빛의 환상적인 공존이 연출된다. 예술과 자연과 건축의 결합(collaboration)이 공간을 활성화한다. 자연과 건축은 별개로 존재하지만, 건축적 구축을 통해 자연과 건축은 하나가 된다. 건축이 자연 일부가 되거나 자연이 건축에 들어가 그 속에서 자연과 예술과 우연히 만난 인간은 치유되고 정화된다.

 안도 다다오 특유의 '회유하는 동선'으로 구성된 이 미술관은 진입 공간에서부터 점점 빨려 들어가는 것 같은 신비로운 공간감이 느껴진다. 주말이면 몇 시간씩 기다려야 할 정도로 인파가 몰린다. 치추 미술관을 찾는 사람들로 나오시마를 방문하는 관광객이 늘어났다. 치추 미술관의 성공은 한국의 미술관 건축에도 큰 영향을 끼쳤다.

세상에 하나뿐인 미술관

　　나오시마는 장대한 실험과 극적인 체험의 장소다. 치추 미술관은 세계 어디에서도 비슷한 사례를 찾아볼 수 없다. 대부분이 땅속에 묻힌 건축물로서의 설계, 시공상 어려움이 많았지만, 무엇보다 섬에 만들어진 것 자체가 어려운 일이었다. 섬이라는 특수지역 공사라 콘크리트를 비롯한 자재, 건설기계를 모두 육지로부터 운반해야만 했다. 안도는 '한정된 공기에 맞춰 높은 품질로 완성한 것은 수준 높은 일본의 건설기술에 의한 것'이라 말한다. 실제로 일본의 건축기술과 시공 수준의 정도를 인정하지 않을 수 없다.

　치추 미술관은 외관과 전시 작품이 모두 철저한 계획과 의도에 의해 '자연과 인간을 생각하는 장소'로 만들고 있다. 언덕에 지어진 미술관은 지형을 절개하여 그 속에 공간을 앉혔다. 세토내해의 경관을 그대로 보존하면서 땅속에 묻힌 건축은 이곳에서만 볼 수 있는 숨어 있는 미술관을 탄생시켰다.

　치추 미술관은 안도 다다오 건축을 구성하는 주요한 소재가 되는 노출콘크리트, 철, 유리, 나무를 적용했다. 치추 미술관과 같이 안도가 디자인한 건축물은 대체로 단순하다. 또 그의 상징인 노출콘크리트와 자연을 거스르지 않는 겸손함, 군더더기 없는 솔직함이 화려하고 장식적인 다른 건축에 대비된다. 단순미와 절제미로 상징되는 그의 건축물은 작품성이 높아 건축예술로 칭송받는다. 그는 자연에 몸을 맡긴 채 바람과 공기, 그리고 빛이란 자연 요소를 내부 깊숙이 끌어들여 창조적인 건축을 완성했다.

쿠마 겐코(Kuma Kengo)는 "안도는 '안도 다다오'라는 브랜드를 만드는 데 성공했다. 그의 건축은 루이뷔통 가방처럼 강렬한 정체성을 가지고 있었고, 어떤 패션 브랜드에도 지지 않을 만큼 브랜드 신화를 창조할 준비가 충분히 되어 있었다."라고 평가한다. 그만큼 안도 건축의 개성이 뚜렷하며 노출콘크리트는 그를 상징할 만한 디자인 언어가 되었다. 치추 미술관은 세 작가의 예술 작품과 유기적으로 얽혀 종합적인 시공간을 만든다.

하늘에서 본, 세상에서 하나뿐인 미술관

환경(環經)
예술을 품은 명상의 미술관

이우환(李禹煥) 미술관
Naoshima, Kagawa prefecture in Japan

1941년 오사카 출생, 독학으로 건축을 공부함, 1969년 안도 다다오 건축연구소 설립, 1979년 스미요시 주택으로 일본 건축학회상 수상, 대표작으로는 물의 교회, 빛의 교회, 물의 절, 오사카 치카아츠카역사박물관, 유메부타이, FARRICA, 포트워스 현대미술관 등, 예일 대학, 콜롬비아 대학, 하버드 대학 객원교수 역임, 1997년부터 동경대학 교수, 프리츠커상 수상(1995년), UIA(국제건축가협회) 골드메달 수상(2005년), 예술문화훈장 Commandeur de l'Ordre des Arts et des Lettres(2013년) 수상을 비롯해 국내외 수상 다수

설계: 안도 다다오(Tadao Ando)
시공 : 다케무라 공업

건축물 개요

- **위치**: 香川県香川郡直島町字倉浦 1390
- **대지면적**: 9,860m²
- **건축면적**: 443m²
- **연면적**: 443㎡
- **층수**: 지상 1층
- **설계기간**: 2011. 12~2009. 1
- **공사기간**: 2009. 2~2010. 6
- **공간구성**: 뮤지엄 숍, 사무실, 전시실(3개), 야외 코트, 진입로, 광장 등

이우환(李禹煥) 미술관(Lee Ufan Museum)

이우환의 예술 세계

봄은 여행하기 좋은 계절이라 누구나 마음이 설렌다. 맑고 갠 날이었다. 치추 미술관을 본 흥분이 쉽게 가라앉지 않은 채 치추 미술관에 관한 이야기를 나누면서 12분 정도 걸었다. 도로에는 간혹 차가 다녔지만 걷는 데 지장은 없었다. 언덕을 넘어 경사 길을 내려갔다. 어느 순간 기둥이 조금씩 보였다. 언젠가 책에서 보았던 그 기둥이었다. 미술관은 보이지 않았지만, 기둥에 초점을 맞추며 길을 따라 내려가니 서서히 시작점에 도달했다.

이 미술관은 한 사람의 작품을 위한 공간이다. 한 개인의 이름을 붙인 공간은 위대한 업적을 남긴 인물을 기념하기 위해 만들어진다. 특히 사후가 아닌 현존하는 예술가를 위한 미술관은 그 사람이 예술계에서 차지하는 위상을 가늠하게 한다. 그런 의미에서 일본 나오시마라는 땅에 자리 잡은 한국인 작가의 미술관은 의미하는 바가 크다. 그 주인공이 바로 화가 이우환(李禹煥)이다.

이우환은 경상남도 함안 출신으로 일찍이 유럽에서 크게 호평받는 예술가다. '모노파(物派)'의 창시자로 알려져 있다. 그는 1960년대 후반부터 모노파로 평가되는 현대예술의 동향 속에서 핵심적인 역할을 담당했다. 모노파는 사물을 있는 그대로 놓아두는 것을 통해 사물과 공간, 상황, 관계에 접근하는 예술을 뜻하는 미술 사조이며, 산업화와 대량 생산에 대한 비판, 인공적으로 만드는 것을 부정하는 운동이다.

그는 1956년 서울대학교 미술대학을 중퇴한 후 일본으로 건너가 1961년 일본대학 철학과를 졸업했다. 1967~91년에 한국, 일본, 유럽에서 수십 차례 개인전을 열고 국제전에 참가했다. 1973~90년에는 다마(多摩)미술대학 교수로 재직했다. 그의 미술론은 기본적으로 세계를 대상화하는 표상 작용의 비판에서 시작한다. 그에게 예술 작품은 '만든다'라는 창조 개념보다는 있는 그대로의 세계와의 '만남'을 가능하게 함으로써, 세계와 일체감을 지각시켜 주는 구조이다. 그는 미니멀리즘의 대가로서 현대미술에 큰 영향을 끼쳤다.

이우환 미술관에서 회화는 조용히 반복되는 호흡의 리듬에 맞추어 묘사된 붓의 스토로크(필치)를 보여주는 평면 작품이다. 자연석과 철을 조합하여 각각의 특성을 억제한 조각 작품은 공간과 융합한 여백의 미를 느끼게 한다. 이 미술관에는 1970년대부터 현재에 이르는 평면적인 회화와 조각, 설치 미술작품이 전시되어 있다.

이 미술관은 2010년 나오시마에 만들어졌다. 안도 다다오가 설계했으며 역시 지하 구조로 된 건축물이다. 치추 미술관과 유사하게 지하 세계로 구축되어 있다. 이우환과 안도 다다오는 사전에 이견을 조율하여 예술가의 작품이 가장 잘 표현되도록 미술관을 설계했다.

위치와 배치

미술관 건립 제안은 후쿠타케 소이치로(福武總一郞)가 2007년 베니스비엔날레에 전시된 이우환 작품을 보고 시작되었다. 그 이후 이우환과 안도 다다오, 후쿠타케 소이치로가 나오시마를 방문하여 섬 전체를 둘러보고 미술관 터를 결정했다.

미술관 입구 | 벽 너머 광장의 기둥과 미술관의 벽이 보이고 주위는 온통 산이다.

아마도 현 부지는 후쿠타케 소이치로가 쭉 마음에 두고 있었던 미술관 후보지였던 듯하다. 부지는 치추 미술관에서 나오시마 현대 미술관으로 향하는 중간 지점에 있다. 바다에 접한 골짜기에 있다. 골짜기에선 멀리 수평선이 보인다.

미술관은 바다와 산으로 둘러싸인 완만한 협곡 사이에 지어졌다. 미술관 전면은 바다까지 시야가 트여 있고 좌우와 뒤는 온통 산이다. 부지 면적은 9,860㎡이고 주변은 녹지와 숲으로 둘러싸여 있다. 미술관 입구는 섬을 순환하는 도로와 접해 있고 미술관은 이곳에서부터 시작된다. 입구에는 사람이 머물 수 있는 둥근 형태의 공간이 있고 가벽은 미술관으로 이어진다. 미술관은 도로 아래에 위치하며 골짜기에 끼워진 형상이다.

원래 이우환은 조용히 명상할 수 있는 공간을 원했고, 처음부터 동굴이나 작은 사당은 어떨까 하는 의향을 비쳤다. 안도 다다오도 바다와 산으로 둘러싸인 지형을 이용할 수 있을 것 같았다. 바다에서 완만한 골짜기를 따라 걸어가 땅속으로 들어가는 지형을 이용한 미술관을 만들고 싶었다. 서구적 가치관의 치추 미술관과는 달리, 동양적 미를 감상할 수 있는 이 미술관은 오직 이우환이라는 작가 작품만 볼 수 있다.

산골짜기에서 바다로 연결된 부지에 만들어진 미술관은 밖에서는 가벽, 천창(톱라이트) 정도만 보인다. 땅속 전시 공간, 삼각형 야외 코트와 사각형 광장, 그 사이에 있는 연결 진입로를 배치한 결과, 자연과 조화된 율동적인(rhythmical) 공간이 만들어졌다. 지상에 드러난 것은 삼각 코트와 벽이 있는 진입로, 사각형으로 된 기둥의 광장(pole place)뿐이다. 대지와 암석을 도려내 얻어진 어둠의 공간, 땅속

건축이 이우환 마음에 감응하며 내면의 격렬함을 지닌 작품과 어울린다. 그리하여 나오시마에 '또 하나의 치추 미술관'이 만들어졌다.

또 하나의 치추 미술관

이 미술관도 공간이 외부로 드러나지 않는 점에서 치추 미술관과 유사하다. 미술관이 땅속에 있어 기둥의 광장과 진입로, 벽을 제외하면 건축물이 보이지 않는다. 기둥과 콘크리트 가벽만 눈에 들어온다. 미술관으로 들어가는 입구만 벽으로 구분되어 방문객을 맞이한다. 이우환의 의견을 존중하여 안도가 작품 성격에 맞는 공간, 땅속 어둠의 공간, 동굴과 같은 공간을 구축했다.

> 공간의 여백은 아무것도 없지만, 그래서 오히려 상상력을 자극해 무한한 창조적 가능성을 열어놓는다. 여백은 한일 정신문화의 근본이다. 이우환의 여백을 받아들이려면, 단지 '비어 있을 뿐'인 개성 없는 흰 상자 같은 건물은 너무 가볍다. 대지와 암석을 도려내 얻어지는 어둠의 공간, 땅속의 건축이 이우환의 마음에 호소하며 내면의 격렬함을 지닌 작품과 어울릴 것으로 생각한다.
>
> **안도 다다오**, 〈예술의 섬 나오시마〉

이우환 미술관에서는 벽과 기둥을 특히 주목하지 않을 수 없다. 안도 건축에서 벽은 많은 의미를 내포한다. 기둥 뒤에 있는 콘크리트 벽이 궁금증을 자아낸다. 무대의 막처럼 서 있는 벽은 미술관을 시각적으로 차단하여 벽 너머에 어떤 공간이 존재하고 있을까 하는 의문을 품게 한다. 이 벽은 동굴의 입구를 알리는 장치이고 동선을 이끄는 사인(sign)이다. 또 미술관 진입을 유도하는 긴 유입부이며 기둥의 광장과 건축물을 가르는 경계이다. 내부와 외부 영역을 분리하는 구조물이다.

벽으로 나누어진 좁고 긴 진입 통로를 따라 들어가면 미술관 출입구에 다다른다. 안내대를 만나기 전에는 건축적 공간을 전혀 느낄 수 없으며 전체적인 형태와 내부적인 공간도 느껴지지 않는다. 벽과 진입로는 방문객을 우회시켜 출입구까지 유도한다. 꺾여진 긴 이동 통로를 거쳐야 하는데 다른 미술관보다 물리적 움직임이 많다. 미술관 모습은 여전히 알 수 없다.

관람객에서 쉽사리 미술관 형체를 보여주지 않는다. 공간 대부분이 땅속에 있는 또 다른 지중(地中) 미술관이기 때문이다. 이러한 형태로 만들어진 것은 작가 이우환 요구를 건축가 안도 다다오가 건축적으로 풀어낸 결과다. 자연적, 지형적 조건에 맞추어 예술가 의도를 충분히 반영한 것이다. 작가와 건축가의 소통을 통해 모두가 원하는 '그 장소(the place)'를 창조해 냈다.

이우환 작가가 요구한 동굴과 같은 미술관이 실현되었다. 건축물 대부분을 땅속에 두어 관람객이 동굴 속을 갔다 온 것 같은 느낌이 들도록 하였다. 기존의 미술관과는 다른 공간, 즉 벽화가 그려진 알타미라 동굴처럼 일상에서 벗어난, 삶과 죽음이 결부된 우주적 공간을 만들고 싶어 한 이우환은 나오시마에 자기 작품만을 위한 동굴의 공간을 마련하고 무언의 대화로 소통하고자 한다.

정희정, 〈나오시마 디자인 여행〉

치추 미술관처럼 전시실 내부로 환기와 빛을 유입하기 위한 장치인 3개의 직방형 구조체, 변형된 삼각형만 외부로 드러나 있다. 보이지 않는 구조체는 상공에서만 보인다. 미술관 공간이 지면 아래 땅속에 있어 형태와 구조가 외부로 노출되지 않는다. 치추 미술관과 달리 공간구성은 단조로워 3개의 직방형 전시실로 구성되었다. 내부에는 외부로 연결되는 별도의 통로, 중정이 없으며 정방형의 삼각, 사각, 원형 코트, 주차장이 보이지 않는다.

이우환 미술관은 나오시마 현대미술관, 치추 미술관과 유사하다. 콘크리트, 유리, 철의 구조적 사용 그리고 빛, 지하, 폐쇄, 기하학적인 형태와 공간이라는 안도 건축의 순환적 주제가 특징이다. 시간적 차이는 있지만, 안도의 건축 언어가 지역 환경에 맞도록 재현되었다.

광장(나무와 기둥, 그리고 돌과 가벽)

기둥의 광장

　　도로에서 미술관으로 가기 위해서는 맨 먼저 가벽을 접하게 된다. 바다와 완만한 골짜기를 보면서 도로에서 계단을 따라 내려가면, 미술관으로 유도하는 길이 50m 가벽이 있다. 그 벽을 따라가면 자갈이 깔린 네모난 광장(30m×30m)이 나온다. 작가와 건축가는 그곳에 뭔가를 설치하자는 의견에 일치했다. 길이 50m 벽이라는 수평축이 있으니, 여기에 대응하는 수직축으로 기둥이 어떻겠냐는 이우환의 제안이 있었다.

　그렇게 해서 18.5m 높이의 육각 콘크리트 기둥이 설치되었다. 광장에 설치된 폴(pole), 기둥은 독보적 존재다. 텅 빈 곳에 높이 솟은 기둥은 사람의 시선을 끄는 시각적 요소로서 더할 나위 없다. 광장이라는 공간에서 기둥의 존재와 의미는 강한 상징성과 함께 또 다른 궁금증을 자아낸다.

　기둥은 위로 갈수록 가늘고 길며 정교하다. 콘크리트 기둥이지만 하나의 완제품처럼 느껴지며 마치 땅에서 솟아난 듯하다. 기둥 주변에는 자연석, 철판이 놓여 있다. 기둥은 오벨리스크처럼 광장에 생기를 불어넣는 요소임이 분명하다. 이 미술관에서 가장 상징적이며 인상적인 요소는 '기둥(柱)'이다.

　기둥은 건축물 못지않은 하나의 상징적 장치다. 자연과 지형을 살리는 건축물과 이우환이 제안하여 만들어진 광장 중앙에 세워진 기둥이 서로 영향을 주고받는다. 가늘고 긴 수직적인 기둥이 비어 있는 광장을 채운다. 수직적이고 수평적인 긴장감이 흐른다. 고요한 산골짜기에 활기를 불어넣는다.

광장의 기둥(수직적인 강한 독보적인 기둥의 자태)

기둥은 강력한 기억의 장치로 작용한다. 시각적 동선은 미술관, 기둥의 광장과 잔디밭으로 연결되어 해안가까지 이어진다. 해안가에도 설치 예술품이 놓여 있다. 바다가 보이는 탁 트인 전망은 산골짜기와는 전혀 다른 공간에 서 있음을 느끼게 한다. 나오시마라는 장소적 특성에 맞게 자연과 건축이 연속되며 서로 긴밀하게 관계 맺는다.

접근 동선과 가벽

미술관으로의 접근은 인접 도로에서 시작된다. 가벽과 일체화된 계단을 따라 내려가면 포장된 좁은 길이 광장으로 방문객을 이끈다. 광장에 도달하면 동선이 흐트러진다. 미술관의 존재는 잠시 잊고, 기둥에 다가가거나 철판과 돌 주위를 맴돈다. 사람의 동선은 이리저리 엇갈린다. 좋아하는 기호나 관심에 따라 이동이 분산된다. 자유의지를 지닌 인간의 자율적인 움직임을 방해하는 것은 아무것도 없고 미술관 존재는 잠시 잊힌다.

방문객은 광장에 있는 물체를 충분히 탐색한 후 미술관 입구를 찾는다. 하지만 입구는 쉽게 찾을 수 없다. 일반적인 출입문이 없기 때문이다. 굳건하게 서 있는 벽에서 개구부를 찾기란 쉽지 않은데, 자세히 보면 정면 왼쪽에 낮은 앉은 벽이 있고, 이에 가까운 곳 콘크리트 벽에 이우환의 작품이 새겨져 있다.

그 옆에 벽 일부가 잘려져 있고 벽에 가까이 가면 미술관으로의 접근 방향, 통로를 인지할 수 있다. 이곳이 바로 미술관 입구, 내부로 동선을 유도하는 출발점이다.

안도 특유의 건축적 산책로가 시작된다. 미술관 입구가 바로 나오지 않고 콘크리트 벽을 따라 180° 회전하면 멀리 현관이 보인다. 주위는 온통 콘크리트 벽이다. 에블린 페레 크리스탬은 "벽은 인간의 모든 차원, 삶의 방식과 수단 그리고 믿음과 갈망 등을 표현한다."라고 했다. 진입로에 형성된 벽은 시각을 차단하고 경계 지으며 미술관을 광장과 분리한다. 벽은 미술관의 내부와 외부 공간, 즉 광장, 녹지를 가르는 경계이다.

미술관과 광장 사이에 세워진 벽은 두 개의 세계를 만든다. 그리고 두 공간의 표정이 된다. 물리적 요소인 벽은 장소를 기억하기 위한 장치이고 두 공간을 통합하는 역할도 겸한다. 벽은 양면의 얼굴을 가지고 있다. 즉 공간을 끊임없이 분리하려는 성질과 함께 통합을 유지하려는 복합적인 성격을 갖는다.

벽은 사람의 움직임과 더불어 심리적인 반응도 유도한다. 내부에 들어서기 전 관람객 마음을 고조시킨다. 반복되는 가벽에 의해 미로와 같은 공간이 형성되고, 이것이 자연스럽게 동선을 유도하고 다음 공간에 대한 기대감을 높인다. 벽은 안도에게 있어서 경계를 정하는 장치이며 이화작용(異化作用)의 도구이다. 두 개의 영역을 가로막는 역할을 함과 동시에 새로운 영역인 틈이라는 공간을 생성한다.

가벽으로 둘러싸인 미술관 접근 통로(산책로)

네 개의 방으로 된 평면 구조

작가 이우환은 안도에게 "산기슭 안쪽을 파서 동굴 같은 것을 만들고 어둠 속에 들어와 조용히 생각하는, 그런 장소를 만들어 보고 싶다."라고 말했다. 미술관 구조는 단순하지만 바로 내부로 들어가는 구조가 아니다. 외부에서 보면 건물 입구가 보이지 않는다. 뜻밖에도 거대한 벽이 미술관의 시작이다. 방문자는 미로에 갇힌 것처럼 회색 노출콘크리트 벽으로 가려진 좁고 긴 통로를 따라 접근한다.

미술관으로 들어가는 입구는 겉으로 보기에 거대한 콘크리트 벽 하나가 우뚝 서 있을 뿐이다. 기둥의 광장 왼쪽에서 벽을 따라 그냥 걸어가야 한다. 걷는다는 것은 시간의 체류이고 공간의 인식이다. 통로의 폭은 3m가 채 안 된다. 통로의 끝에서 다시 한번 방향을 틀면 그제야 미술관 입구가 보인다. 동선을 우회시키는 안도 건축의 독특함이다.

좁은 통로를 따라 들어가면 입구에 다다른다. 입구에서 오른쪽으로 방향을 틀면 '조응의 공간'과 만난다. 삼각형 공간에는 철판, 돌이 놓여 있고 콘크리트 벽이 전체를 감싼다. 철판과 돌이 차례로 보이고 그 위에 파란 하늘이 열려 있다. 이와 같은 공간 배치는 좀처럼 보기 드문데 안도 건축에서 보이는 비어 있는 정방형 삼각 코트와도 다르다.

이우환 미술관은 땅속에 있지만 치추 미술관과 다르다. 전면부 삼각 공간을 제외하면 내부 공간은 전부 지하 공간이다. 치추 미술관처럼 공간을 연결하는 통로가 없으며 공간 이동도 단조롭다.

삼각 공간의 형태도 정삼각형이 아니다. 물론 사각 코트, 카페, 휴식 공간도 없다. 뮤지엄 숍, 안내 공간을 제외하면 전시 공간이 대부분을 차지한다.

미술관은 네 개의 방으로 되어 있다. 가장 처음 맞닥뜨리는 곳은 '조응의 공간'이다. 콘크리트 벽으로 삼면이 막힌 삼각형 마당에 자갈을 깔고, 철판과 자연석을 놓았다. 철판 한 귀퉁이가 약간 말려 올라가 있다. 천장은 없다. 바로 하늘이다. 여기는 안도 밖도 아니다. 이어지는 '만남의 방'에는 초기작인 '선으로부터'에서 '조응'까지 7점의 그림이 걸려 있고, 홀 중앙에는 '대화'라는 조각이 놓여 있다. 깨진 철판 위에 유리를 덮고 그 위에 돌멩이를 하나 얹었다. 짙고 옅은 점이 선을 이룬다.

다음은 '침묵의 방'이다. 거대한 철판을 비스듬히 세워놓고 그 앞에 자연석 하나를 마주 보게 앉혀 놓았다. 천장에 난 구멍에서 자연광이 스며든다. 관람객이 여기쯤 이르면 말이 없어진다. 대신 눈과 귀 감각이 살아난다. 가장 깊숙한 곳에 자리 잡은 '명상의 방'은 처음엔 동굴처럼 갑갑하지만, 시간이 지날수록 아늑하다. 방은 온통 하얗다. 벽의 각 면에 하나씩 찍힌 푸른색 점이 전부이다. 다음은 '그림자 방'이다. 돌 그림자 위에 비치는 해와 달과 물의 영상물이 차갑고도 잔잔하다.

관람객이 이우환의 작품을 비로소 완성하는 것 같다. 동굴 같은 방에 사람이 들어가기 전에는 침묵만 흐르지만, 관람객이 들어가 발소리를 내고 소리를 냄으로써 공간이 울리고 작품 역시 깨어난다. 이것은 작가와 안도의 의도이지 싶다. 빛과 어둠의 대비도 인상적이고 단순하지만, 강한 인상을 준다. 지형에 따라 형태를 구성하여 대지와 일체화를 꾀하며, 미술관은 주어진 환경에 따라 오래전부터 그곳에 구축되어 있던 익숙한 풍경처럼 다가온다.

돌과 철판

　미술관 외부와 내부에 15점 정도의 작품이 전시되어 있다. 이우환은 "대상이란 거기 보이는 것만이 아니라 반드시 거기 관련되는 보이지 않는 부분까지 포함되는 것이다. 나의 예술은 내가 만드는 부분을 한정하지만, 내가 만들지 않은 부분을 받아들임으로써, 서로 침투하기도 하고 거절도 하는 다이나믹(dynamic)한 관계를 만들어 내는 것이다."라고 말한다.

　미술관에 들어서면 가장 먼저 삼각형의 콘크리트 공간에 놓인 둥그런 돌과 철판이 보인다. 태초의 재료인 돌은 시간의 덩어리이다. 철은 산업사회의 대표적인 상징이다. 자연과 산업사회를 연결하는 매개체가 바로 돌과 철이다. 이우환은 평면 작업에선 점과 선을 사용한다. 돌은 점이고 철판은 선이고 면이다.

돌과 철판

이 미술관에서 유일한 외부 공간이 부정형 삼각 코트에서 두 사물은 뚫린 천장에서 내려오는 햇빛과 바람, 비를 맞으며 늘 그 자리에 있다. 자연 속에서 '만들지 않은 것'과 산업사회 산물인 '만들어진 것'이 만나 소통하고 있다. 근원이 서로 다른 물체가 만나 교감을 나눈다.

바다와 산으로 둘러싸인 골짜기에 조용히 자리 잡은 미술관은 자연과 건물, 예술 작품이 서로 호응한다. 모든 것이 넘쳐 나는 물질 사회에 지친 사람이 삶의 원점을 주시하며 조용히 사색하는 시간을 갖게 한다. 광장, 철판, 돌은 미술관에 들어서면 가장 먼저 관람객을 맞이하는 소재로서 자연과 건축, 인간과 예술을 일체화시킨다.

돌은 산업적 대량 생산에 대한 저항과 비판을 상징하는데 철판은 바로 그 산업적 생산물로서 서로 다른 성질의 돌과 같이 놓여 그 존재 의미를 다시 생각하게 만든다. 사방이 나무이고 돌인데 설치된 돌은 특별한 의미로 다가온다. 그 돌을 통해 사람의 마음 깊은 곳에서 많은 상념이 떠오르고, 물질과 존재 의미, 그리고 사물과 인간의 관계를 사유하게 한다.

이우환은 돌과 철판을 조화시켜 그 사이에서 만들어지는 관계와 소통을 표현했다. 점과 선이 만들어 내는 여백의 공간과 힘, 사색의 시간을 보내면서 떨림, 울림을 전한다. 이우환 미술관에는 돌덩이 하나, 철판 하나가 무심한 듯 놓여 있다. 일정한 배열이나 규칙 없이 애초에 놓인 듯하다. 하지만 그냥 무심히 만들어진 것이 아니다. 작가 혼자서 원시적이고 수공업적인 방법으로 만들어 낸 돌과 철판 작품은 빈 공간을 채운다. 돌과 철판이 상징하고 의미 짓는 것은 그것을 느끼는 사람만이 알 수 있다. 빈 공간에 예술 작품과 건축물이 하나가 되어 이우환 미술관 특유의 분위기를 연출한다.

작가와 건축가의 협업

　　이 미술관은 유럽을 중심으로 활동하고 있는 국제적 평가가 높은 예술가 이우환과 건축가 안도 다다오의 협업에 의한 만들어진 건축물이다. 안도의 건축과 예술 작품이 서로 영향을 주고받으며 공간에는 정밀함과 생동감이 느껴진다.

　작가 이우환은 "자신의 작품 세계를 한곳에서 항상 볼 수 있는 장소를 마련했다는 사실이 우선 기뻤다. 동굴이나 무덤 속 같은 공간을 원했다. 우리 삶의 일상성에서 벗어난 공간인데, 수십 년 된 친구인 건축가 안도 다다오가 기가 막히게 내 생각을 잘 이해하고 반영해 줘서 더욱 기쁘다."라고 만족해한다. 이 미술관에는 안도 건축과 작가 생각이 그 장소에 정확하게, 한 치의 과다함이나 모자람이 없이 알맞게 표현되었다.

　　이우환의 작품에서 나오는 일 획의 내면에는 만 획이 존재하는 군더더기 없는 간결함과 철저히 절제된 생략, 그리고 비움이 존재한다. 나오시마가 추구하는 철학과 이우환의 작품 세계는 더할 나위 없이 정확하게 맞아떨어지고 있다. 또 안도의 건축과 이우환의 작품이 자연 속, 골짜기라는 장소(site)에 적합하게 자리 잡고 있다.

　　　　　　　　　　　안다 다다오(安藤忠雄), 〈TADAO ANDO Iinsight Guide〉

　안도 건축의 특성인 합리적 디자인을 이 미술관에서 다시 한번 확인할 수 있다. 바다와 산으로 둘러싸인 계곡에 예술 작품과 건축이 교감하는 정밀한 공간이 펼쳐져 있다.

바닷가에 설치된 예술품

이우환 미술관은 정밀의 중심에 엄격함을 강조하는 여백의 건축이다. 건축이 주된 요소가 아니라 예술 작품이 돋보인다. 건축물의 형태가 보이지 않지만 부족함이 없다.

건축을 '삶을 담는 그릇'이라 한다. 이 장소에서 건축물은 비워진 공간에 예술 작품을 담는 그릇의 역할을 다했다. 형태적으로 화려하지 않고 건축물의 전모를 보여주지도 않지만, 미술관으로서의 건축적 역할을 제대로 수행했다. 이우환 미술관은 미술 감상과 함께 휴식, 명상이 가능한 장소다. 새로운 경험을 저장하는 기억의 장소, 저장소처럼 느껴진다. 오늘도 광장의 기둥은 긴 그림자를 드리우고 방문자를 반긴다.

장소성(場所性)
자연 속에서 인간과 예술, 건축이 공존하는 미술관

나오시마(直島) 현대미술관
Naoshima, Kagawa prefecture in Japan

1941년 오사카 출생, 독학으로 건축을 공부함, 1969년 안도 다다오 건축연구소 설립, 1979년 스미요시 주택으로 일본건축학회상 수상, 대표작으로는 물의 교회, 빛의 교회, 물의 절, 오사카 치카아츠카역사박물관, 유메부타이, FARRICA, 포트워스 현대미술관 등, 예일 대학, 콜롬비아 대학, 하버드대학 객원교수 역임, 1997년부터 동경대학 교수, 프리츠커상 수상(1995년), UIA(국제건축가협회) 골드메달 수상(2005년), 예술문화훈장 Commandeur de l'Ordre des Arts et des Lettres(2013년) 수상을 비롯해 국내외 수상 다수

설계: 안도 다다오(Tadao Ando)
시공: 다케무라 공업

건축물 개요

- 위치: 香川県香川郡直島町琴弾地
- 대지면적: 44,700m²
- 건축면적: 1,775.5m²
- 연면적: 1,775.5m²
- 층수: 지하 1층 지상 2층
- 구조: 철근 콘크리트조
- 설계기간: 1988.5~1990.9
- 시공기간: 1990.10~1992.4
- 공간구성: 전시실, 레스토랑, 뮤지엄 숍, 강연실 등

나오시마(直島) 현대미술관(Naoshima Contemporary Art Museum)

낭만적인 접근성과 광장

나오시마(直島)는 예술의 섬이라 불린다. 세토(瀨戶)내해에 떠 있는 작은 섬으로 면적 7.3ha, 둘레 16km이며 길이는 동서 2km, 남북 5km이다. 섬은 오카야마(岡山)현과 가가와(香川)현 사이에 있다. 한때 제련업과 제염업을 중심으로 발전했지만, 공장 폐기물로 섬은 몸살을 앓았다. 산업혁명 이후 주목받았던 제조업이 오염물을 쏟아내어 자연환경을 파괴하는 주범으로 전락했다. 섬을 떠나는 사람이 늘어나면서 지역 문화도 쇠퇴했다.

사업가이자 컬렉터인 후쿠타케 소이치로(福式總一郎)는 나오시마를 바다와 태양, 예술과 건축을 하나로 결합하는 '문화의 섬'으로 만들고 싶었다. 그곳에 새로운 생명을 불어넣길 원했다. 이와 같은 생각에 따라 '나오시마 아트 프로젝트'가 시작되었다. 그 시작은 베네세 하우스 뮤지엄(Benesse house museum), 즉 나오시마 현대미술관이다.

이우환 미술관을 보고 난 후 나오시마 현대미술관을 보기 위해 바다와 인접한 도로를 따라 걸었다. 날씨는 더없이 좋았고 짭조름한 갯내가 코끝을 스쳤다. 바다는 더없이 넓고 푸르렀다. 10분 정도 이우환 미술관 이야기하면서 걸었다. 산에는 산수유가 피어 있어 있었다. 발길이 멈춘 곳은 미술관의 시작점인 계단형 광장이다. 도로에서 아래로 내려가 보면 광장은 가벽과 계단으로 이루어져 있고 선착장과 연결되어 있다.

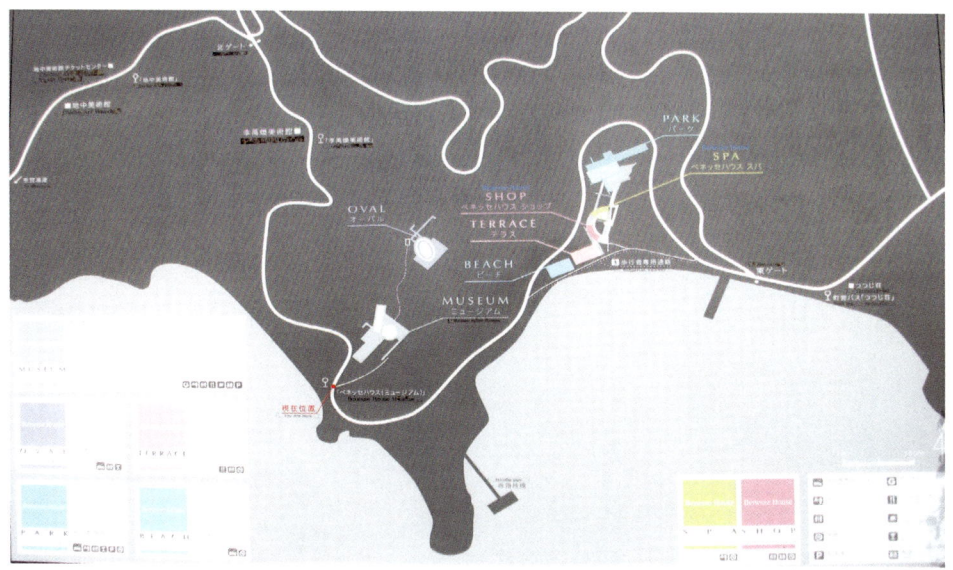

나오시마 현대미술관과 주변 안내도

바다에서 접근하는 언덕 위의 나오시마 현대미술관(오른쪽 아래: OVAL)

미술관 터는 섬 남단 바다로 돌출한 언덕 위에 있다. 언덕 위 미술관 자체가 한 폭의 그림처럼 멋진 풍경을 연출한다. 부지에서는 해변으로 밀려오는 잔잔한 파도가 보인다. 이 미술관은 배를 타고 곧바로 접근할 수 있다. 선창에 도달하면 곧 계단형 광장을 오르고, 도로를 두 번 꺾고, 오르막길을 오르면 자연석으로 쌓은 본관 벽이 시야에 들어온다.

계단형 광장과 미술관 진입부

미술관으로의 접근성은 독특하다. 배를 타고 바다에서 바로 접근할 수 있어 매우 특이하다. 섬이라는 천혜의 특성을 살린 나오시마다운 접근이 아닐 수 없다. 항구에서 전세선을 타면 전용 선착장에 도달한다. 선착장에 내려 육지로 이동하고 계단을 통해 상부로 오른다. 연속하는 콘크리트 벽과 자연석으로 쌓은 계단형 광장이 펼쳐져 있다.

하지만 일반 방문자는 선창으로 접근하지 않고 육로를 이용한다. 대부분 우노(宇野)항 또는 다카마쓰(高松)항에서 시코쿠(四國) 기선을 타고, 나오시마 동쪽의 미야노우라(宮ノ浦)항에 내려, 자동차를 타거나 걸어서 미술관으로 접근한다. 관람객은 항구에서 치추 미술관까지 셔틀버스로 이동하여 먼저 치추 미술관을 보고, 도보나 자전거로 이동하여 이우환 미술관을 보고 난 후, 이 미술관으로 접근한다. 이것이 가장 선호하는 일반적인 접근 동선이다. 세 개의 미술관이 도로에 의해 연결되어 있어, 반대로 나오시마 현대미술관을 가장 먼저 보고 이우환 미술관, 치추 미술관으로 가는 방법도 색다른 즐거움을 준다.

치추 미술관(왼쪽 위), 이우환 미술관(중간), 나오시마 현대미술관(오른쪽 아래)

도로에서 약간 가파른 길을 오르면 미술관이 나타난다. 도로와 연결된 접근로를 따라 바다와 나무를 보고 오르면 자연석으로 된 벽을 만난다. 이 벽을 따라가면 건물 입구에 다다른다. 여기에 벽은 동선을 유도하는 장치이다. 미술관 입구로는 곧바로 접근할 수 없다. 동선을 전환해야 한다. 한 번 꺾인 진입로를 따라가면 출입구에 도달하게 된다. 맨 먼저 안내대와 만난다. 좌측으로 원형 갤러리가 눈에 들어오면 내부 공간에 대한 궁금증이 증가한다.

미술관 진입부와 광장(주차장)

자연 속에 뿌리내린 건축

안도 다다오는 "건축이란 건축주의 생각과 공간의 생각이 조합되어 완성된다. 그 사이에 다리를 놓는 것이 건축가의 일이다."라 한다. 건축가는 건축주 생각을 수렴하여 공간, 장소에 적합하게 공간을 만드는 사람이라는 의미다. 베네세 그룹 후쿠다케 회장은 안도에게 "이 세상에 존재하는 동안 늘 친구들을 데려오고 싶은 곳으로 만들어 달라."라고 부탁했다. 건축가가 건축주 의견을 수용하여 나오시마라는 장소에 가장 이상적으로 구현한 것이 현재의 미술관이다.

미술관은 산 중턱에 있다. 안도는 삼면이 바다로 둘러싸인 독특한 분위기와 무엇보다도 눈 앞에 펼쳐진 세토내해의 아름다운 풍경을 보고 가능성을 느꼈다고 한다. 그래서 예술과 자연, 건축과 인간이 어우러져 서로 자극하는 한 차원 높은 '가능성의 공간' 창출을 목표로 삼았다.

이 미술관에서는 자연 한가운데에서 여유를 만끽할 수 있다. 부지는 밝고 가볍고 외향적이며 경쾌한 곡선이 요동치는 듯하다. 미술관에서는 해방감이 느껴진다. 도시에 들어선 안도 건축이 지닌 '내향적인 심각함'은 찾아볼 수 없다. 건축과 자연의 조합이 적절하고 자연스럽다. 기하학의 규범성에서 벗어나 자유와 해방감을 추구하면서 자연을 배려한 의도가 곳곳에서 감지된다.

안도는 여러 장소에 벽과 테라스, 광장을 배치했다. 이것을 중심으로 광대한 자연 속에 여러 가지 원심력이 작용하는 듯하다. 땅에서는 자연과 건축이 서로 어우러져 섬의 풍토와 기하학이 융합되었다. 지형과 건축이 긴밀하게 관계를 맺어 건축물이 자연 속에 뿌리내린 것처럼 느껴진다.

안도는 자연에 대한 최소한의 조작을 통해 풍경을 만들어 냈다. 이것은 일본 전통문화를 계승한 것으로 해석된다. 후쿠야마 마사오는 "안도가 만든 공간과 일본의 하이쿠에는 유사성이 있다. 하이쿠는 강한 규범성을 지닌 극도로 압축된 시의 형태로 계절을 나타내는 말과 5·7·5의 운율을 갖고 있다. 안도 역시 기하학을 이용해 날카롭게 풍경을 어절화해 장면 안에 또 하나의 자연을 만들어 낸다."라고 한다.

나오시마 현대미술관은 베네세 하우스 뮤지엄(Benesse House Museum)이라 불린다. 라틴어 베네세(benesse)는 'bene'(좋다)와 'esse'(존재)의 합성어다. 그러므로 베네세는 '좋은 존재, 잘 살다'라는 뜻이다. 부지 내에는 미술관과 다양한 부대 시설과 숙박 시설(호텔)도 있다. 베네세 하우스 뮤지엄은 세계적으로 보기 드문 숙박 시설을 갖춘 '체류형' 미술관이다. 자연 속에서 문화와 예술 공간이 공존하는 복합 시설이다.

땅을 해석한 설계

설계자 안도는 그의 저서 「건축에서 꿈을 찾다」에서 "나오시마의 아름다운 풍경을 섣불리 훼손시키지 않도록 건축은 자세를 낮춰 되도록 보이지 않게 하여, 나오시마를 방문하는 사람들이 자연과 미술과 건축이 하나의 통합된 환경을 구현하고 싶다."라고 했다.

안도는 삼면이 바다로 둘러싸인 절경을 가진 곳을 미술관 대지로 선택했다. 아름다운 풍경을 망가뜨리지 않도록 지형을 따라 땅에 묻힌 듯이 건물을 낮게 조정했다. 그래서 건물 볼륨(volume)의 반 이상을 지하에 묻었다. 국립공원 안에 있는 대지이기 때문에 받아야 할 법적 규제와 외딴섬 공사라는 단점 등 극복해야 할 문제가 많았다. 완만한 언덕을 올라가 본관에 이르기까지 방문자는 감추어진 미술관 존재를 알기 어렵다.

갤러리와 계단형 테라스는 바다를 향해 서쪽으로 배치되어 있어 석양 속에 배가 오가는 아득한 바다 경치와 자연을 건물 안으로 끌어들인다. 미술관 주변에는 산책로를 두어 어느 곳에서나 바다 풍경을 볼 수 있다. 주변 사방이 또 하나의 미술관이다. 방문자는 이러한 풍요로운 환경 속에서 자연과 예술을 즐기며 도시 삶에서 잃어버린 감성을 되찾을 수 있다.

안도 다다오의 다른 건축물과 유사하게 미술관 전체를 다 보려면 몇 번의 좌우 회전, 오르내림을 반복해야 한다. 관람객은 많은 시간을 들이며 건축물 주위를 배회하게 된다. 그러면 자연스럽게 건축물과 가까워지고 친숙해진다. 설계자는 이런 효과를 노린 것 같다. 특히 이동 통로가 꺾이고 회전하게 되어 다른 미술관보다 물리적 움직임이 더 많다. 진입 동선은 상승하면서 우회적으로 주입구로 이끈다.

건축물은 입방체와 원이 세 겹으로 둘러싼 형태다. 비스듬한 각도의 직사각형 부속 건물과 조합되어 있다. 미술관 입구에서 관람객은 바로 2층으로 오른다. 그곳은 원뿔형 채광창을 통해 들어오는 빛

나오시마의 품에 안긴 미술관

으로 가득하다. 자연광이 스며드는 천창 때문인지 땅속에 묻혀 있는 건물이라는 생각이 들지 않는다. 그 정도로 내부는 밝고 쾌적하다. 내부 공간에서 자연스럽게 외부 갤러리 공간으로 연결된다. 나오시마의 자연을 그대로 닮은 건축, 땅을 이해하는 건축물이다.

기하학적 평면 및 공간 구성

미술관은 길이 50m, 폭 8m, 2층 높이를 지닌 땅속 공간이다. 지상으로 드러나는 것은 원뿔형 톱라이트와 지붕뿐이다. 절반이 땅에 묻혀 있어 드러나지 않는다. 하지만 내부는 지상으로 솟은 부분으로 인해 넘쳐날 만큼 빛이 풍부하다. 바다 쪽으로는 다양한 각도에서 세토내해 풍경을 보여주는 테라스가 실내와 연속되어 자연스럽다.

평면은 중앙의 원형 갤러리를 축으로 전시 공간, 레스토랑, 홀이 방사 형태로 구성되어 있다. 각 부분의 기능이 기하학적 배치와 명확하게 대응한다. 방사형 공간구성은 원심력이 작용하는 것 같은 이미지를 준다. 그러나 땅속에 묻혀 있기에 어떤 각도에서 보더라도 건물 전체를 파악할 수 없다.

안도는 건축에 자연 요소를 끌어들여 서로를 일치시키고, 노출콘크리트와 유리 물성을 잘 반영했다. 직사각형 대공간과 원형 공간이 결합한 기하학적 구성으로 2개 층을 쌓았고, 옥외 테라스는 바다를 향해 열려 있다.

사람들 시선은 전체적인 건물을 보기 위해 이곳에서 저곳으로 옮겨 다니기에 바쁘다. 중심부 실린더는 상하 동선을 묶는 연결점이다. 그러나 지형이 경사져 있어서 땅속에 있다가 다음 실로 이동하면 바로 지상으로 나아간다. 눈앞에 자연의 세계가 펼쳐져 있다. 방문자의 이동에 따라 풍경이 기하학 속에 녹아들고 서로 어우러진다.

건축가는 기하학적 평면을 바다를 향해 개방시켜 건축과 자연이 서로 어긋나지 않도록 만들었다. 채광은 대부분 측 창으로 자연광을 유입시키고 원형 갤러리만 중앙에 원형 천창을 두었다. 최소한의 유도 벽이나 출입문만이 노출되고, 대부분은 지하에 매립되었다.

자연을 거스르지 않는 조화로운 건축

건축가 안도가 지닌 탁월함은 대지가 갖는 장소성을 해석하는 능력이다. 그는 장소에 대한 정확한 해석으로 그 장소에 적합한 건축적 해답을 제시한다. 건축가 김인철은 장소성이 강한 건축이 '좋은 건축'이라 했다. 공간의 시원인 땅은 건축이 개입함으로써 장소성이라는 의미를 갖게 된다. 자연으로서 땅은 이미 장소이지만 인간 의지인 건축으로 새로운 장소로서 의미가 부여된다. 여기서 말하는 건축은 건물이라는 구체적인 형태가 아니라 그 땅에 대한 건축적인 해석을 말한다. 건축한다는 것은 땅을 장소화하는 것이다. 다시 말하면 건축은 '어떤 장소(a place)'를 '그 장소(the place)'로 만드는 의지적 행위이다.

이러한 관점에서 안도는 나오시마라는 땅에 대한 정확한 해석을 통해 장소에 가장 적합한 미술관을 만들어 냈다. 이 미술관에서 반듯한 형태로 웅장함을 뽐내는 건축물이 아닌 자연에 대한 경외감을 담은 건축으로 조화를 이루다. 안도는 자연을 거스르지 않는 완전 무결한 공간을 창조함으로써 예술품을 위한 잔잔함과 평화로움이 느껴지는 장소로 만들었다.

> 나는 물, 바람, 빛, 소리 등 자연의 요소를 추상화에 맡길 것이다. 즉 엄격하게 구성된 건축의 질서 속에서 자연의 생명을 결정화하여 사람에게 대치(對峙)시킨다. 여기에 자연과 인간과의 긴장감 넘치는 해후(邂逅)가 생기는 것이다. 이러한 긴장감이야말로 현대인의 정신 깊숙한 곳에서 탐욕스러운 잠을 이루고 있는 감성을 각성시키는 것이 가능하다고 생각한다.
>
> **안도 다다오**, 〈plus 9507〉

이 미술관은 주변 자연환경을 고려하고 지형과 지세를 이용한 배치로 자연스럽게 주변 조망을 즐기게 한다. 또한, 노출콘크리트와 유리, 자연석을 소재로 하여 지역적 특성과 기후적 조건을 잘 드러냈다. 건축이 자연의 아름다움을 훼손하지 않고 하나가 되었다.

위: 외부 광장, 아래: 언덕에 구축된 미술관

장소 특정적 미술과 건축

　　미술관 설계는 전시실이 없는 공간에 예술을 채워간다는 개념으로 진행되었다. 단순히 작품을 사서 전시한다면 일반적인 미술관과 별반 차이가 없다. 하지만 나오시마 현대미술관 아트디렉터와 설계자 안도는 건물 안팎에 펼쳐진 공간의 가능성을 해독하여 예술과 건축, 자연과의 긴장된 관계를 공간마다 구축해 나가는 길을 선택했다.

　어디에서나 볼 수 있는 작품이 아니라 거기에만 있는 작품, 즉 '장소 특정적 미술(site-specific work)'을 보여준다. 나오시마에 가야만 볼 수 있는 작품 전시를 기획했다. 새로운 건축뿐만 아니라 작가도 직접 그 장소에 가서 작품을 만들고 전시했기 때문에 질적으로도 차별화되었다. 장소 특정적 미술은 어떤 장소를 위해 창조된 작품으로, 일반적으로 예술가가 작품을 계획하고 구상하는 동안 장소를 선정한다. 전 치추 미술관 관장인 아키모토 유지(秋元雄史)에 의하면 "베네세 하우스 뮤지엄은 작품을 구매해 전시하는 것뿐만 아니라, 작가를 초청해 전시 공간을 보여준 다음 현지에서 작품을 제작하도록 시도했다."라고 한다.

　나오시마 현대미술관은 장소 특정적 미술에 의해 안과 밖의 경계가 없는 모습으로 자유롭게 공간을 오가는 관람객 시선에 따라, 부분적으로 벽을 잘라내어 자연에 거스르지 않고 공간과 자연의 조합을 이룬다. 이렇게 건축적 산책을 통해 외부와 내부가 자유롭게 교차하면서 공간과 주변 환경이 자연스럽게 조화되는 동시에 관람객 감성을 자극한다.

이 미술관은 주변 환경을 훼손하지 않고 수려한 자연을 오히려 내부로 끌어들이면서 건축과 예술품이 완벽히 조화된다. 뮤제오그래피(museography)를 성공적으로 실현한 것이다. 뮤제오그래피란 미술관 건축의 내·외부를 전시 작품과 조화를 이루도록 해 미술관 전체가 하나의 작품이 되도록 하는 것을 의미한다.

이 미술관은 지역을 상징하는 건축물로 자연과 미술관의 절묘한 조화가 빚어내는 건축적 미학을 보여준다. 섬의 공간적 특징을 최대한 활용한 환상적인 공간으로 건축과 자연, 예술이 하나로 융합된 유기적 문화공간으로 인정받는다. 자연의 품에 안긴 채 인간을 향해 활짝 열린 미술관이다.

나오시마 개발의 성공과 의의

세계적인 여행 잡지 『콘테나스트트래블러(conde nast traveller)』는 죽기 전에 꼭 봐야 할 세계 7대 명소로 나오시마를 소개했다. 산업 쓰레기 섬에서 예술의 섬으로 변신함으로써 버려진 섬에서 보물의 섬으로 바뀌었다. 나오시마에 미술관이 지어진 후 예술과 자연이 어우러진 새로운 공간으로 태어났다.

나오시마 프로젝트는 후쿠타케 소이치로의 "나오시마에 어린이를 위한 캠프장을 짓는데 그 감수를 부탁하고 싶소."라는 의뢰에서 시작되었다. 예술과 자연이 한 덩어리가 되는 장소로 만들자는 후쿠다케의 구상에서 시작하여 인구가 줄고 있는 쇠락한 섬을 문화의

야외 갤러리

섬으로 되살린다는 용감한 구상으로 발전시켰다. 안도는 그 강렬한 취지에 공감하여 프로젝트에 참여했다.

후쿠타케 소이치로는 "문화가 경제에 종속되는 것이 아니라, 그 반대여야 한다. 문화가 경제를 이끌어가야 한다."라고 했다. 특히 현대미술과 예술에 대한 그의 이야기는 굉장히 설득력이 있다. 이러한 문화적 철학을 가진 기업가에 의해 나오시마에 새로운 장이 마련되었다.

다시 말하지만, 나오시마는 심각한 자연 훼손으로 고통받는 섬이었다. 하지만 오랜 시간에 걸친 연구와 여러 사람의 노력으로 자연과 예술이 어우러진 현대미술의 낙원으로 탈바꿈되었다. 인구 3,000명 정도의 작은 섬인데 주민의 160배가 넘는 연간 50만 명의 방문객이 찾아오는 관광지로 변화되면서 인구 감소와 고령화로 활력을 잃어가던 섬 전체에 생기가 되살아났다.

나오시마는 현대미술을 통한 지역개발의 대표적 성공 사례로 꼽힌다. 예술 작품을 매개로 외지인과 소통하며 생기를 얻어가는 섬 주민을 보면서 진정한 성공과 행복이 무엇인지를 생각하게 한다. 섬 곳곳에 자연과 어우러진 미술관을 건립하고 예술 작품을 배치하여 섬 전체를 갤러리로 만들어 섬 곳곳이 하나의 미술관이다.

나오시마는 베네세 홀딩스의 기업 이념인 'Living well(잘 살다)'을 실현하는 공간이다. 섬을 둘러싼 자연과 지역 고유의 문화 속에 예술과 건축을 접목해 사람을 끌어들이고, 교류를 통해 주민의 삶에 활기를 불어넣었다. 지역 활성화의 중심에 예술을 둔 점이 성공적인 결과를 낳았다. 베네세 그룹은 나오시마 프로젝트로 인해 대중적인 브랜드 인지도를 높였을 뿐만 아니라, 기업 이미지 개선이 수익으로 연결되었다.

  나오시마 개발의 성공에는 특별한 점이 있다. 단순히 유명 건축가의 설계로 건물을 짓고 유명 작가의 작품을 전시했기 때문에 성공한 그것이 아니라, 주민의 참여가 또 하나의 성공 요인이다. 예술과 건축의 접목, 거기에 섬 주민의 적극적인 참가와 이해가 없다면 수십만 명이 찾는 예술의 메카가 될 수 없다. 나오시마는 예술의 섬이다.

형태(形態)
화이트 큐브의 조각 같은 미술관

키리시마(霧島) 아트 미술관
Kirishima, Kagoshima prefecture in Japan

하야카와 쿠니히코는 1941년 도쿄에서 태어났다. 1966년 와세다 대학을 졸업하였고 1971년 예일대 건축 예술학 대학원 수사 과정을 수료했다. 타카나카 공무점에서 실무를 익혔으며 일본 건축학회 작품 부분 상을 수상하기도 했다. 1978년부터 사무실을 개설했으며, 그의 건축은 공간구성이 명쾌한 것이 특징이다.

설계: 早川邦彦建築研究室
시공: 竹中·堀之內JV

건축물 개요

- **위치**: 鹿兒島県姶良郡湧水町木場 6340番地220
- **대지면적**: 4,174㎡
- **건축면적**: 1,846㎡
- **연면적**: 2,229㎡
- **층수**: 지하 1층, 지상 2층
- **구조**: 철골콘크리트조, 철골조
- **최고높이**: 9.6m
- **공사기간**: 1996년 10월~1999년 3월
- **공간구성**: 전시실, 수장고, 뮤지엄 숍, 카페테리아, 다목적 스페이스, 사무실, 미니 도서관 등

키리시마(霧島) 아트 미술관(Kirishima open-air museum)

예술의 숲 기본 구상

키리시마를 방문한 것은 막바지 추위가 기성을 부리는 비 내리는 겨울날이었다. 잔디는 노랗게 시들어 있었다. 친구들도 여행에 지친 기색이 역력했지만, 버스에서 내려 어프로치 존을 통과해 미술관으로 진입했다. 하지만 미술관을 들어서는 순간 피곤함은 온데간데없이 사라졌다. 미술관 내부와 야외 공원의 조각품을 보기 위해 이리저리 흩어졌다.

가고시마현은 키리시마 자연을 활용하여 문화를 정비하는 것을 목표로 '키리시마 국제 예술의 숲 기본구상(Open Air Gallery Explanation)'을 수립했다. 후미히코마키(槇文彦)의 설계로 완성된 키리시마 국제 음악 홀은 같은 구상에 의한 첫 프로젝트다. 미술관은 두 번째 프로젝트로서 풍부하고 아름다운 자연 속에 조각 작품과 함께 만들어졌다. 전체적으로 하코네에 있는 네즈미 조각 미술관과 비슷한 분위기이다. 키리시마 예술의 숲은 2000년 가을에 문을 열었으며 이때 미술관도 함께 개관했다.

키리시마 국제 예술의 숲 기본구상에 따라 예술의 거점으로서 자연과 조화되는 예술성 높은 조각품을 배치했다. 풍부한 자연 속에서 우수한 예술 작품과 자연 감상이 가능하며 다양한 교류를 촉진하도록 구상되었다. 이 건축물은 키리시마 자연을 만끽하면서 예술 작품을 볼 수 있는 자연 속 야외 미술관이다. 광대한 부지에 자리 잡은 키리시마 아트 숲에서는 산책하는 기분으로 예술 작품을 가볍게 만날 수 있다. 22개국의 대표적 예술가가 함께 작업해 만든 조각품이 숲을 가득 채우고 있어 감상하는 재미가 쏠쏠하다.

조각공원 내 설치된 각종 예술 작품

지형의 특성을 살린 배치

키리시마 예술의 숲은 외부 전시 지역(zone)과 자연 생태계를 살린 수림 전시 지역, 주차장(미술관 진입부), 아트홀(art hall)로 구성되어 있다. 아트홀이 키리시마 아트 미술관(이하 키리시마 미술관)이며 숲의 게이트 기능을 겸한다. 야외에는 다양한 조각 작품이 전시되어 있는데, 미술관은 예술 작품이 전시된 지역의 중심시설로서 야외 공원과 긴밀하게 연계되어 있다.

미술관이 위치한 곳은 표고 720m의 고원(高原)이며 면적은 약 13ha이다. 넓은 들판에 들어가 보면 복잡한 실루엣이 아니라 단순한 형태의 미술관이 있다. 또한, 폐쇄적인 미술관이 아니라 고원의 아름다움을 한층 확대하는 개방적인 미술관이다. 야외 공간에 조

미술관 입구

각 같은 구조물이 지면에 놓인 느낌이다. 이즈마무라의 토미히로 미술관과 유사하게 지면 위에 살포시 놓여 있다.

　이 미술관은 기존에 많이 보아 왔던 보수적인 미(美)의 전당이 아니다. 자연, 공원 속에 열린 미술관이다. 아름다운 자연을 배경으로 바람과 구름의 변화하는 모습을 끌어들인다. 방문객은 작품과의 거리감 없이 친근하게 작품을 감상할 수 있다. 폴라 미술관, 타테바야시 미술관, 나오시마 현대미술관과 더불어 자연 속 '전원형 미술관'이다.

　가고시마현 키리시마 예술의 숲에는 외부 전시 지역과 수목 전시 지역, 미술관이 있다. 미술관은 야외 전시가 곤란한 조각과 그 외 예술 작품 전시를 위한 시설이다. 방문객은 변화하는 자연광의 추이에 따라 거리낌 없이 예술 작품에 다가갈 수 있다. 숲속 언덕에 건축물 일부가 지면에 살짝 떠 있듯 지면과 분리되어 언덕에 얹혀 있다.

직사각형의 단순한 평면 구성

　아트홀은 전후(戰後)부터 현재까지 조각 작품을 주제별로 수집한 다양한 소재와 표현 방법에 따른 작품을 전시한다. 건축물은 길이 79.2m, 폭 24m의 튜브(tube)이며, 또 하나의 직방에(6m×20m)는 수장고이다. 서쪽은 경사진 대지에서 캔틸레버 모양으로 부지에서 건축물이 가볍게 떠 있으며, 장변 방향은 사쿠라지마(櫻島)와 직교하는 남북을 축으로 배치되어 있다.

평면은 단순하며 세 부분으로 나뉜다. 중정을 중심으로 좌측은 전시 공간이고 우측은 비전시 공간이다. 전시 공간 내부에 엘리베이터와 상하부를 연결하는 계단이 있는 것이 특이하다. 화장실, 라커, 유아실 등은 전시실 외곽부에 집결되어 있다. 전시 공간을 제외한 설비 공간, 부속 공간(servant space)은 말단부에 집중시켰다. 중정은 공간을 좌우로 나눈다. 전이 공간으로서 외부와 내부를 연결한다. 주 출입구에서 중정을 통해 바로 외부 조각공원으로 나간다. 중정은 내부 공간이자 외부 공간이다.

주공간 구역은 전시실, 다목적 공간, 카페, 뮤지엄 숍, 작은 도서관, 사무 학예원실 등으로 구성되어 있다. 각 기능은 유리 벽에 의해 분절되고 여기에 미술관 활동과 기능이 상호 관련되며 개방된 관계를 만든다.

전시실에서 유리 스크린을 통해 전시 코트, 다목적 공간을 볼 수 있고 커피숍에서 외부 경관이 보인다. 두꺼운 벽으로 가려진 밀실 같은 일반적인 미술관과는 다르게 내부에서 이루어지는 활동 모습과 외부 공간이 상호 연관되어 만난다. 아름다운 풍경을 전면으로 하고 그것과 더불어 사람과 예술 작품이 거리감 없이 교류한다. 미술관은 예술에 대해 마음을 열고 사람과 예술이 친근하게 교류하는 장소다.

이와 같은 의도가 미술관에 반영되어 자연 풍경과 함께 시민을 향해 열려 있다. 예술이 전시된 방에 들어가지 않고도 예술적인 환경을 접할 수 있다는 개념이 실현되었다. 평면은 단순하면서도 미술관에 필요한 기능을 영역별로 명확히 나누어졌다.

미술관 내부 전경

조각을 닮은 입방체

건축물은 산업디자인(industrial design)의 하나로서 생산물(장치물)을 들여놓는 데 집중하기보다는 새로운 시야가 열리도록 고려해야 한다. 산업디자인에 따른 생산물 표현은 형태보다 기능과 성능을, 복잡함보다는 단순 명쾌함을, 그리고 작가 개성 표현보다는 이용자 요구를 우선해야 한다. 이와 같은 자세는 이전부터 중요시해 온 작가주의라는 개인 개념을 중심으로 하던 방식에서 벗어나, 한층 사회와 대중에게 개방된 사고로 이행되었음을 보여준다.

키리시마 미술관은 공원이라는 장소에 알맞게 설계되었다. 건축가는 개방적인 미술관으로서 자연에 대비되는 장치물을 떠올렸다. 직육면체의 입방체가 바로 그것이다. 넓은 부지에 단순히 건축물을 올려놓은 느낌이다. 건축물은 모서리가 둥글게 처리된 상자처럼 보인다. 건축물을 웅장하고 높게 짓기보다는 단순한 오브제처럼 놓아 거부감을 주지 않으며 개방성도 높였다. 건축가의 재치가 돋보인다.

> 건축을 장치물로써 다시 받아들인 것은 이와 같은 사회적 요구에 대응하는 시점을 보여주는 그것으로 생각한다. 대부분 사람이 건축 공간의 개방성을 논하고 또한 기대하고 있다. 그것은 단순히 건축의 개구부가 커서 시각적으로, 외부로 크게 알려져 있다는 물리적 의미만을 나타내는 것이 전혀 아닐 것이다. "건축을 개방한다."라는 것은 사람들의 다양하고 복잡한 활동(activity)을 분절시키고, 그 각각을 문절형(紋切型)의 방에 가두는 것이 아닌 그 활동을 여유롭게 감싸 안는 것이다.
>
> **하야카와 쿠니히코**, 〈新建築 2002〉

언덕에 놓인 부드러운 외관의 미술관

모서리를 둥근 처리한 상자 모양의 미술관 외관

개방적이라는 것은 사람의 공감과 진흥(振興), 흥미, 관심에 대하여 열려 있다는 뜻이다. 즉 건축과 사람과의 커뮤니케이션 회로가 열리면 개방성이 높아진다. 이 개방성과 더불어 완결성을 가진 새로운 미술관 원형(stereotype)이 만들어졌다. 건축을 장치물로 놓는 개념으로 완성한 것은 하나의 실험이다.

미술관 외관은 은회색으로 초록의 대자연과 대비된다. 가늘고 긴 튜브는 화려하고 독특한 형태가 아니다. 주변 환경과 조화를 중시하여 차분하며 은은한 느낌이다. 형태는 두드러지지 않고 절제되어 있다. 건축물이 주변을 압도하지 않으며 모서리를 둥글게 처리하여 부드러운 인상을 준다.

미술관은 하나의 건축적 조각처럼 보인다. 미술관 형태는 극히 단순(simple)하다. 미술관 외형이 조형미를 강조하지 않는다. 화려하거나 튀지 않는 모양은 장소성에 적합하다. 주변 환경에 잘 녹아든다. 소재 선택이나 공간 활용, 미술관으로서의 기능성 측면에서도 완벽한 작품이다. 장소적 성격에 적합한 구조체로서 자연 속 공원이라는 장소에 알맞은 조형이다.

튜브 형태의 단면 구조

키리시마 미술관은 노먼 포스터(Norman foster)의 세인즈베리 미술센터를 떠올리게 만든다. 구조와 형태가 유사하다. 미술센터는 첨단기술 스타일의 이정표라고 할 만한 작품으로 격납고와 같은 거대한 공간을 섬세한 입체 트러스의 경쾌한 골조로 덮고 있다. 어려운 기술과 정교하고 치밀한 디자인으로 만들어 낸 기둥 없는 전시 공간은 자연과 강렬한 대조를 이루면서, 어디까지나 인간미를 잃지 않은 온화한 표정을 보여준다.

노먼 포스터, 세인즈베리 미술센터(모형)

이 미술관은 트러스 구조의 튜브(tube)다. 튜브는 폭 2.4m의 RC 프레임이며 여기에는 기계실, 창고, 화장실 등 서비스 기능이 들어 있다. 프레임이 양 측면에 있고 이 사이에 철골 트러스 지붕이 있다. 폭 19.2m, 높이 7.4m 무주 공간을 형성한다. 즉 전시 공간에는 기둥이 없다. 이 주공간 구역의 양측과 상·하의 서측은 지원(support)

구역이다. 지원 구역은 공기를 공급하고 배출하며 빛을 제어한다. 주공간 지역에서 전개되는 미술관의 다양한 활동이 가능하게 만드는 장치적인 역할을 한다.

  전시실 내에 노출된 공조 덕트도 주기능을 지원하는 기능을 담당하며 투명한 아크릴로 되어 있다. 튜브는 연속체로서 안쪽은 갈바륨 동판재(0.8mm)가 지붕에서 벽까지, 그 외측은 알루미늄 압출 판으로 마감되었다.

건물 바깥쪽에 설치된 지원 공간

자연광을 끌어들이는 전시 공간

　전시실에는 다양한 빛 환경을 갖추었다. 자연광은 주로 열선 반사유리가 내장된 복층 유리로 된 상부의 톱라이트(top light)에 의해 들어온다. 빛 조절은 전동 루버에 의해 가능하다. 이처럼 들어온 자연광은 5mm 두께의 고투과 유합 유리(광천장)를 통과하여 균일하게 퍼진다. 전시실 조명은 날씨가 흐리거나 어두울 때, 자연광 조도가 떨어지는 경우 환경조건 변화에 따라, 톱라이트에 내장된 형광등을 점등하여 전시 벽면에 안정된 조도를 확보한다. 평균 조도는 500룩스(lux)이다.

　또 전시 내용에 맞추어 상부의 전동 루버를 닫고 개구부의 블라인드를 내림으로써, 인공조명에 의한 전시 환경을 만드는 것도 가능하다. 자연광이 들오는 전시실에는 빛 천장을 통해 바람과 구름의 흐름이 변화하는 모습을 볼 수 있다. 스포트라이트 조명이 작품을 극적으로 연출할 뿐 아니라 부드러운 자연광이 유입되어 온화한 분위기를 연출한다.

예술 교류의 거점 시설

　키리시마 예술의 숲은 가고시마현 예술 교류의 거점 시설이다. 키리시마의 장대한 경관 속에서 사계절 변화를 보여준다. 야외 전시 공간에는 국내·외 조각가가 이곳을 방문하여 자연과 역사적,

천장과 유리를 통해 유입되는 빛

문화적인 특징을 살리면서 구상한 원본(original) 작품이 설치되어 있다.

  이 미술관은 우수한 예술 작품과 자연 품에 안긴 숲속 미술관이다. 또한, 키리시마 예술의 숲에서 관문과 같은 미술관은 소장 작품 전시와 기획전을 위한 전시실, 창작 체험활동과 강습회 등을 수행하는 다목적 공간, 카페테리아, 작은 도서관으로 구성되어 시민에게 친숙한 장소로 다가가고 있다. 단정한 모양의 미술관은 야외 조각품과 함께 수많은 방문객을 맞이하고 있다. 조각을 좋아한다면 추천하고 싶은 미술관이다.

자연(自然)
자연과 어울리는 풍경이 된 미술관

군마현립 타테바야(館林)시 미술관
Tatebaya, Gunma prefecture in Japan

일본 건축설계사무소 다이치코보는 1960년에 설립되었다.(법인 설립 1966년 12월 1일) 1964년에는 나니와(浪速) 예술대학(현 오사카 예술대학) 설계 경기에서 1등에 당선되어 이를 계기로 많은 대학 캠프스 정비계획을 수행했다. 대표작으로는 사가현립박물관, 전노제(全勞濟)정보센터파크돔, 군마현립 타테바야시미술관, 아이치만박 세토 아이치현관(현 아이치 해상 숲 센터), 시라카와시립도선관 등이 있다. 다이치코보의 대표인 타가하시 테이이치(1924년~2016년)은 일본의 중견 건축가로서 오사카예술대학 명예교수를 역임했다.

랜드 스케이프 디자인: ON SITE 계획설계사무소(長谷川浩己)
설계: 다이치코보(第一工房, 대표: 타카하시 테이이치)
시공: 大林組, 河本工業, 린까이건설공동사업체

건축물 개요

- **위치**: 群馬県館林市日向町 2003
- **대지면적**: 74,918㎡
- **건축면적**: 5,742.85㎡
- **연면적**: 6,856.47㎡
- **층수**: 지상 2층
- **구조**: 철근 콘크리트조, 일부 철골 철근콘크리트 철골조
- **최고높이**: 17.16m
- **공사기간**: 1999. 3~2000. 12
- **공간구성**: 전시실 4개, 강당, 뮤지엄 숍, 레스토랑, 수장고, 학예원실, 관장실, 사무실, 조각가 아트리에, 워크숍실 등

군마현립 타테바야시 미술관(群馬県立 館林美術館)

전원 속에 자리 잡은 미술관

타테바야시(市)는 미야시로와 가깝다. 자동차로 1시간 정도 걸린다. 잡지에 본 미술관을 보고 난 후 손님이 오면 함께 방문하기도 했다. 자연을 표현한 타테바야시 미술관(이하 타테바야시 미술관)은 아라타 이소자키(磯崎新)가 설계한 군마현립 근대미술관에 이은 두 번째 미술관으로서 2001년에 개관했다. '자연과 인간의 관계'를 주제로 하여 조화, 공생, 대치 등 자연과 인간의 다양한 관계성을 표현하는 작품을 전시하는 곳이다.

미술관 터는 사람의 손이 닿지 않는 자연이 느껴지는 황량한 초지, 자연 생태계가 보존된 현 부지가 미술관의 최적지로 판단되었다. 미술관 건립을 위한 테마는 인간과 동물을 포함한 자연과의 관계를 재검토하는 것이었다. 이것을 계기로 예술 작품을 중심으로 전시하는 동시에 미술관 내에 워크숍을 개최하고, 주민 활동에서 의미를 배우고 즐기는 장소가 되도록 건립 방향을 설정했다.

미술관 대지는 군마현 남동부 타테바야시 타타라누마(多多良) 공원 내 위치한다. 이 장소는 간척지로서 부지 주변에는 귀중한 습지 식물이 존재하고 많은 들새도 서식하고 있다. 타타라누마로부터 2㎞ 정도 계속되는 송림이 있고, 북서 측으로 타타라누마강에 인접하는 지역은 논으로 된 평지이다. 부지 면적은 7.5ha이며 미술관 지역과 접근(access) 지역으로 나누어진다.

미술관 지역은 건축과 랜드스케이프(풍경)를 일체화한 구성으로 새로운 풍경으로 재구축되었다. 접근 지역은 가능한 한 본래의 풍경을 그대로 남겨두었다. 미술관 지역은 타타라누마강의 수면 위에 있는 섬 같은 이미지다. 접근 지역에는 미술관으로 건너는 다리가 놓여 있다.

　미술관 주변에는 야구장과 축구장, 타타라누마 공원이 있다. 시민을 위한 여가 공간과 운동 공간이 미술관과 함께 하나의 영역을 형성한다. 사방이 온통 자연이라 풍경 속에 있는 듯하다. 미술관 부근에는 조각의 샛길이라고 불리는 산책로가 있다. 많은 조각 작품이 타타라누마 공원 내 숲을 따라 놓여 있다.

연결 다리와 미술관의 진입부

자연 속 입지와 접근성

　　미술관 주변 지역은 인간과 동물, 식물 등 자연과의 관계를 직접 볼 수 있는 학습의 장이다. 타테바야시 교외 농경지에 건설된 미술관은 잔디가 넓게 깔려 부지 전체를 둘러싸듯이 조성되어 있다. 타테바야시 미술관은 연못(호수)과 조형적으로 성토된 제방으로 둘러싸인 독립된 형태로, 부지는 수면에 떠 있는 섬처럼 보인다.

　미술관 대지는 전후(前後) 수십 년간 식료 증산을 위한 간척지로 늪지를 메운 땅이다. 전체적으로 볼 때 미술관은 도시와 자연 사이에 낀 매개 공간과 같은 성격을 띤다. 부지는 전원적이며 수평성이 강하게 느껴지는 땅이다. 나지막한 미술관은 자연과 혼재되어 있다. 지면과 연계되어 수평적이다.

　미술관으로 접근하기 위해서는 다리를 지나야 한다. 야구장과 축구장이 있는 공간을 지나 미술관으로 가기 위해서는 물(연못)을 건너야 한다. 물을 건너면 마음이 설레기 시작한다. 일상에서 벗어나 새로운 세계로 들어가는 느낌이다. 여기서 다리는 미술관으로 가는 동선을 유도하고 공간을 연결하는 장치다. 동시에 미술관과 외부 세계를 분리하는 기능도 수행한다.

　주차 후 짧은 다리를 건너면 저 멀리 미술관 외관이 시야에 들어오고 푸른 잔디밭이 펼쳐져 있다. 주변은 온통 자연이다. 마음이 어느새 편안해지며 기분은 더없이 상쾌해진다. 다리는 새로운 공간으로 진입했음을 인식하게 만든다. 방문자는 다리를 통해 도심에서 벗어나 새로운 장소, 자연 속에 빠져든다.

위: 연못(수경지)과 잔디 광장, 아래: 캐스케이드(수공간)

미술관으로 진입하면 낮은 물소리가 들린다. 진입부를 따라 캐스케이드(cascade)의 수공간이 펼쳐지며 물이라는 자연적 요소가 등장한다. 수공간은 자연 요소를 교묘히 끌어들임으로써 건축을 자연과 일치시키려는 감각적 표현이다. 미술관 입구에서 시작된 물이 진입부로 흘러내린다. 물소리는 조용하며 시원하다. 미술관으로 가는 여정의 시작을, 물을 통해 다시 알려준다.

건물을 부지 북서 측으로 배치했다. 남동 측으로 넓은 잔디 광장을 두었고, 이 광장을 둘러싸는 것처럼 부드러운 곡선 모양의 갤러리를 두어, 풍경과 건물이 하나 되고 있다. 캐스케이드를 따라서 진입하는 어프로치에서 갤러리를 지나 전시실에 도달하는 과정은 관람자의 마음에 신선한 자극과 편안함을 안겨준다.

조형적인 배치

둑에서 연결된 연못(修景池) 위 다리를 건너면 눈앞에 산뜻한 상록(常綠)의 잔디밭(정원, 광장)이 펼쳐진다. 이것과 대비되는 존재, 잔디밭 중앙에 있는 외벽이 짙은 적색으로 된 큰 전시실이 위치한다. 다리를 지나 기분 좋게 흐르는 캐스케이드를 따라 완만히 경사길을 오른다. 엔트런스 홀이 수면에 비친다.

부지 중앙에는 반원형의 독립된 전시 공간이 있다. 그 원 가까이에는 활 모양의 회랑 그리고 회랑 후면에는 미술관의 지원 공간과 또 다른 공간이 있다. 활의 시작 부분에는 별도의 전시 공간이 연결되어 있고 회랑과 대비되는 별관이 있다. 활 모양 공간을 따라 진입 동선이 자연스럽게 연결된다. 미술관 뒤 별관은 프랑스 부르고뉴 지방의 농가 풍으로, 조각가 프랑스와 퐁퐁의 아틀리에를 당시의 사진을 바탕으로 재현해 놓은 곳이다.

　미술관은 넓은 부지에 평온한 자태로 놓여 있다. 잔디 광장은 야외 전시 공간이고 광장을 둘러싸는 듯한 곡선의 개방적인 갤러리는 레스토랑, 뮤지엄 숍, 각 전시실을 연결한다. 동시에 타타라누마 공원 동선에 대해 기능적으로 대응함으로 외부 공간과 시각적, 동선적으로 연속시킨다. 이 미술관을 특징짓는 큰 전시실과 별관은 건물 본채로부터 분리된 것처럼 보인다. 하지만 복도에 의해 연결되며 제각기 잔디 광장과 숲 중앙에 있다.

전시실(독립된 전시 공간) 전경

부지가 가진 지형적인 형상은 미술관의 공간적 특징, 성격을 결정짓는다. 이곳에서는 수평적 공간 개념이 구축되었다. 건축물은 부지 성격에 부합되도록 살포시 지면에 놓여 있다. 부지 성격, 특성에 거슬리지 않는 미술관으로 주변 환경을 해치지 않으며 전원 속에 내려앉은 듯하다. 그래서 평면은 좌우로 늘려진 형태이다.

건축은 각자의 마음이라고도 할 수 있는 의지나 감정과 같은 것이 '시각적인 형태'를 통해서 표출되는 것이다. 건축가는 미술관이 자리 잡은 장소적 특성에 맞도록 건축물을 낮게 조성하여 시각적으로도 부담을 주지 않는다. 자연과 장소에 조화로운 건축이다.

> 완성된 건축물은 인간의 존재가 내적으로 갖는 여러 가지 의도나 창의나 지식이나 힘의 총화를 한눈에 표시해 준다. 그것은 인간이 의욕 하는 것, 아는 것, 할 수 있는 것의 합작을 백일하에 비춰 준다. 모든 예술 가운데 건축만이 우리들의 영혼 속에, 시각으로 분할할 수 없는 한순간에 인간적 능력의 전체감을 포용해 주는 것이다.
>
> **박재삼 역**, 〈건축과 시〉

타테바야시 미술관은 건축가의 생각, 감각을 통해 대지가 가진 장소성을 강조하고, 도시와 자연 사이의 매개 공간으로서 전원적 수평성이 돋보인다. 미술관은 도시-물(다리)-정원-현대미술-자연으로 이어지는 주 동선의 축을 형성한다.

체험적인 동선 구조

건축가 민현식은 "미술관의 공간들과 그것을 조직하는 동선(動線)은 주변의 풍경을 특별하게 감지시키기 위한 틀이다."라고 말한다. 미술관은 전체적으로 둥근 원이 직사각형 매스와 만나고 긴 매스의 전면은 큰 곡선이 외부 공간과 경계 짓는다. 잔디 광장(외부 전시 공간)을 둘러싸는 것 같은 약 200m의 곡선 형태의 개방적인 갤러리는 공원으로 연속된다.

설계자는 돌, 알루미늄, 유리, 물과 같은 소재의 스케일(scale), 텍스츄어(texture)를 의식하면서 디테일은 최대한 단순화시켰다. 공간을 분절하는 선도 최소화했다. 그리고 적당한 긴장감 속에서 물소리에 의해 방문자를 이끄는 캐스케이드, 완만하게 경사진 잔디 광장, 독립 전시실의 경사진 활 모양으로 굽은 외벽, 커다란 호 모양의 갤러리에 접한 수공간, 별관(조각가의 아틀리에)과 카츠라 숲 등 각 요소가 공간을 적절히 분리한다. 이러한 요소가 풍경과 호응하면서 사계절의 변화와 정취가 방문자 기분을 상쾌하게 만든다.

이 미술관은 최대한 지면에 낮게 깔리면서 대지의 장소성을 그대로 내부 공간으로 끌어들였다. 관람자의 신체적 움직임과 시지각적 경험은 대지를 지속해서 체험하게 이끈다. 건축은 이를 위한 충실한 배경 또는 장치적 역할을 담당한다. 관람자의 신체 움직임과 시지각적 경로가 조직된 점이 특징이다. 이것은 대지의 자연으로부터 미술로 그 주제가 전환되었다가, 남측 전시실에서 미술과 자연의 조화로운 절정을 만들고, 다시 자연으로 회귀하는 구조다.

활 모양의 갤러리와 연결부

풍경처럼 보이는 뮤지엄

타테바야시 미술관은 하나의 풍경이다. 달력에 등장할 법한 멋진 풍경 사진처럼 보인다. 매개체로서의 건축은 오브제로서의 건축과 다르게 자신의 형상을 낮추고, 주변 장소와 내부 콘텐츠를 부각하는 특성을 가진다. 건축가는 자신의 건축 언어에 자연적 요소를 적극적으로 유입시켰다. 또한, 주변 자연을 끌어안은 부지 전체가 하나의 미술관이다. 자연 속에 자리 잡은 또 다른 풍경이다.

이 미술관은 예술 작품이라 해도 과언이 아니다. 미술관 그 자체가 한마디로 자연(自然)이다. 자연 속에 구축된 그림 같은 건축이다. 건축물은 높지 않으며 수직적이지도 않다. 방문자는 물이 흐르는 다리를 건너면 투명한 물을 만난다. 출입구에서 시작된 물이 진입로 부분으로 흘러내린다. 그 소리는 경쾌하다.

이 미술관은 건물 자체가 장소와 조화를 이루는 배경(background), 풍경으로 작용하고 있다. 건축물은 자연과 하모니를 이루고 스스로 오브제가 되지 않는 조용한 배경이나 무대처럼 느껴진다. 이 미술관은 장소와 밀착되고 자연과 어울리도록 디자인되어, 대지와 조화롭게 결합한 건축과 자연이 부드럽게 소통한다. 자연 친화적 모습이다.

미술관은 소박하고 단순하면서도 풍요롭고 고상하다. 정제된 건축으로 조형성을 다소 누그러뜨렸다. 이러한 건축적 평가 못지않게 주변의 조경 디자인 또한 일품이다. 넓은 잔디밭에 질서정연하게 식재된 나무들, 그사이에 난 길과 벤치 등 어느 것 하나 군더더기가 없다. 수변 공간은 이곳을 찾는 방문객에게 자연 속에서 미술관의 건축적 우수성을 풍요로운 마음으로 감상하게 하는 중요한 요소임이 틀림없다.

타테바야시 미술관은 자연과 일체화됨으로써 서정적인 건축으로 느껴진다. 외부 공간구성은 자연스럽고 정갈하다. 미술관이 갖는 궁극적인 의미와 가치는 다양화되고 있다. 인간과 예술, 그리고 자연의 조화는 건축이 추구하는 가장 보편적이고 시대를 초월하는 가치다. 이 미술관은 자연과 조화를 이루지만 자연 속으로 함몰되지는 않는다. 건축가는 현대미술과 건축의 흐름 속에서 인간과 자연, 예술과 자연이 조화롭게 공생할 수 있는 하나의 선구적인 사례를 만들었다.

이상적인 조명과 빛 연출

건축의 필수조건은 모든 사람이 충분한 햇빛, 공기, 공간 그리고 물을 공급받도록 하는 것이다. 건축이 갖추어야 원초적 조건이다. 햇빛과 공기는 건축의 배치와 형태, 공간을 결정하는 중요한 인자다. 이 미술관은 친환경적인 자연채광에 초점이 맞추어졌다.

주로 조각을 전시하는 전시실 동측 면은 전면 고투과 복층 복합 유리이고 자연경관이 작품의 배경이 된다. 주로 회화를 전시하는 전시실과 현대예술을 전시하는 전시실은 빛 천장, 스포트라이트, 월 워서 라이트(wall washer light)를 병용하여 전시 공간의 이상적인 빛

풍경처럼 보이는 추상화된 뮤지엄

미술관과 별관 전경

조건을 충족시켰다. 특히 현대예술을 전시하는 전시실은 자연광과 인공광을 혼합했고, 벽면 조도를 제어하는 자동조절 빛 시스템을 채용했다. 각 전시실에 계획된 빛 환경은 다양한 전시 작품에 대응하면서 매력 있는 기획 전시를 연출한다.

지면에 놓인 추상화된 풍경

건축가는 건축물을 통해 자연의 질서를 되찾으려 했다. 기존 자연에 새롭게 개입된 인공적 구조물이 시간이 지나면 자연과 하나가 되고, 인공과 자연은 특별한(unique) 건축적 풍경(architectural landscape)을 만들어 낸다. 지형에 의해 형태를 구성하여 대지와 일체화되었다. 전시 공간은 주어진 환경에 따라 형태를 갖추며 마치 정경(情景)처럼 작용한다. 미술관은 주변 자연과 조합되어 경치로 느껴진다. 마치 이전부터 그 자리에 존재하여 자연과 건축이 하나가 된 풍경처럼 보인다.

미술관과 별관 전경

이것은 두 손이 꼭 맞잡는 것처럼 건축과 풍경이 조합되어 있지 않으면 안 된다. 어느 한쪽이라도 부족하면 그 어느 쪽도 성립되지 않는다. 이러한 관계로 이 둘은 연결되어 있다. 이것을 증명하는 사실이 있다. 건축이 거의 1년 전에 끝났던 시점에 이 미술관의 현재 모습을 상상하는 것도 불가능했다. 건축과 풍경과 멋진 만남이었다.

타카하시 데이이치, 〈신건축 200201〉

이 미술관은 제17회 무라노 토고(村野藤吾) 상을 받았다. 미술관은 공원 내 위치하기 때문에 나들이 장소로 적합하다. 가볍게 나들이 하면서 미술품을 감상하고 자연과 만나는 시도가 자연스럽다. 자연과 건축이 조화되어 특별한 장소를 형성하여 각박한 현대사회에 열린 공간으로서 그 역할을 충분히 해낸다. 좋은 사람과 함께 가고 싶은 미술관이다. 군마에 간다면 꼭 보아야 한다.

3부

미술관의 미래

문화의 선두 주자

문화 예술의 생산자

일본 미술관 건축을 둘러보았다. 조금 긴 여행인 듯하다. 비록 긴 여행이었다더라도 흥미 있고 즐거운 시간이었다. 이제 그 여행을 마칠 시간이다. 미술관이 우리에게 전하는 의미와 가치, 그리고 미술관이 나아가야 할 방향에 대해 정리하고 여행을 끝내고자 한다.

미술관은 문화공간으로서 영향력과 파급력이 크다. 문화와 예술이 상호작용을 하는 곳이며 그것을 새롭게 이미지화하는 공간이다. 알랭 드 보통과 존 암스트롱은 「영혼의 미술관」이란 책에서 예술의 일곱 가지 기능을 '기억, 희망, 슬픔, 균형 회복, 자기 이해, 성장, 감상'이라 했다. 또 "미술관은 우리가 어떻게 살아갈 수 있는지 보여주는 일련의 암시를 담고 있지만, 궁극적으로 예술과 관련해 존재한다. 이는 학교가 궁극적으로 삶과 연관되어 존재하는 것과 같다."라고 했다.

예술에서 본질적인 것은 인간의 감정에 대한 호소이다. 예술은 쉽게 말하면 유희나 꿈과 비슷하다. 건축물이 예술 작품이 된다. 아름다운 건축물은 예술적 건축으로 인정받고, 건축물이 예술 작품으로 평가받으면 사람들이 찾는다. 건축가가 설계한 예술 작품이 도시의 관광 수입을 올리는 데 이바지한다. 도시의 수준을 높이고 아름다운 곳으로 명성을 떨치게 된다. 아름다운 건물이 많은 도시에 사는 시민은 즐겁다.

미술관의 매력은 거기에 모아 놓은 작품에서만 오는 게 아니다. 사실은 작품을 품은 건축물 자체가 문화적 가치를 지닌다. 도미니크 풀로는 중층적 체험을 할 수 있는 미술관을 '종합 예술'이라 말한다.

> 미술관 안에서 우리는 개별 작품이 내뿜는 아우라 속에 빠지고, 미술관에서 보유한 컬렉션이나 미술관에서 기획한 전시의 콘셉트를 평가하며, 때로는 미술관 건축 자체를 하나의 작품으로 감상할 수 있다. 미술관을 방문한다는 것은 이러한 중층적 체험의 물결에 몸을 내맡기는 것을 의미한다. 미술관은 현대의 종합 예술이다.
>
> **도미니크 풀로**, 〈박물관의 탄생〉

사람들은 미술관 소장품이 아닌 건축가의 작품으로서 미술관 건축을 보기 위해 찾기도 한다. 건축가의 혁신적인 디자인을 연구한다. 2017년에 개관한 루브르 아부다비 뮤지엄은 창의적인 디자인으로 인정받는다. 프랑스의 세계적인 건축가 장 누벨(Jean Nouvel)이 설계한 이 뮤지엄은 아부다비 여행자의 필수 방문지이다. 뮤지엄을 방문하는 사람 중에는 컬렉션을 감상하는 것보다 건축물 자체를 직접 보고자 찾는 이들이 더 많은 정도다. 방문자는 독창적인 건축양식과 루브르의 예술 작품을 감상하며 새로운 영감을 얻는다.

루브르 아부다비 뮤지엄

> 루브르 아부다비의 하이라이트는 건물의 중심부를 덮고 있는 아랍식 돔, 8개 층으로 이루어진 별 모양 지붕은 7,850개의 구멍 사이사이로 햇빛을 투영해 시시각각 변하는 '빛의 비(light rain)'라는 독특하고도 아름다운 형상을 만들어 내고 있다.
>
> 조은영, 임현지, 〈두바이·아부다비〉

혁신적인 디자인으로 빌바오 구겐하임 미술관이 대표적이다. 흰색 벽돌이나 대리석으로 만든 우아하고도 고전적인 네모난 미술관에 익숙한 사람들에게 도발적인 형태의 은색 티타늄(두께 0.38mm) 미술관은 신선하면서도 충격적이다. 20세기 최고의 예술품이란 찬사를 듣기도 한다. 독특한 외관의 미술관 건축을 보기 위해 많은 사람이 빌바오를 방문한다. 나오시마에 지어진 안도 다다오의 치추 미술관도 건축물 자체가 예술성을 인정받아 필수적인 답사 경로에 포함된다.

다채로운 예술과 그것을 담아내는 미술관은 삶에 깊은 영향을 미치고 사회를 풍요롭게 만든다. 창조적인 건축물과 더불어 전시된 예술 작품을 보면 상상력의 날개가 펼쳐진다. 인간의 감성을 깨운다. 미술관은 현세대가 미래 세대에 선물하는 자신감과 관대함의 상징이 되고 미학적 자산이 된다. 미술관에 가는 이유는 배움과 학습 그리고 체험이다. 전시와 보존의 기능이 중요하지만, 예술에 대한 교육과 보급을 가능케 하는 미술관의 공공적 역할과 기능도 확대되고 있다.

루브르가 강조하는 또 하나의 중요한 기능은 바로 교육이다. 루브르의 모든 작품은 시대별, 사조별로 전시되어 있어, 루브르의 가이드 맵이 지시하는 대로 미술관을 한 바퀴 돌고 나오면 마치 두꺼운 미술사 책 한 권을 읽은 것 못지않게 된다.

이은화, 〈유럽의 현대미술관〉

미술관 방문자는 작품 감상과 마찬가지로 다양한 콘텐츠가 선사하는 문화 체험을 자연스럽게 받아들인다. 그 체험과 경험은 오래 기억된다. 예술이 일으키는 아름다움과 재미, 감동, 충격 그리고 놀라움은 마음과 정신을 동시에 고양한다. 미술관은 예술적 경험의 중심에 있다. 문화 예술에 대한 개념이 형성되는 장소로서 감성과 창의성을 생산하는 기지다.

일상을 담는 휴식 공간

삶과 소통의 공간

예술은 삶에 연결되고 현실 세계에서 발견할 수 있는 모든 감각을 자극한다. 예술 작품을 담는 미술관은 일상의 삶에 직접 관계한다. 그러므로 미술관에서 누릴 수 있는 혜택은 가능한 한 많은 사람이 공유해야 한다.

공간은 우리 삶의 모습을 그대로 담는다. 한순간도 공간을 벗어나 살아갈 수 없다. 공간이 어떠한 방식으로 제공되고 있는가에 따라 만남과 소통의 양식이 결정된다. 어떤 관계를 만들어주는 역할을 담당하는 것이 공간이므로 우리가 끌리는 공간이 우리에게 필요하다.

그 공간은 삶에 관한 이야기로 채워져야 한다. 미술관은 삶의 감각을 사람과 공유할 수 있는 곳이므로 사람과의 관계를 맺는데, 중요한 역할을 담당한다. 이러한 미술관은 삶을 바꾸는 장소, 지루한 일상을 환기하는 기분 좋은 휴식 장소로 기능해야 한다. 서울시립미술관 최효준 전 관장은 미술관도 마케팅 대상이라고 말한다. "마케팅의 아버지로 불리는 필립 코틀러는 미술관이 집에 틀어박혀 지내는 사람과도 경쟁해야 한다고 했다"라며, "제 발로 걸어 나와서 전시를 보도록 만들어야 한다."라고 미술관 소통을 강조한다.

건축가는 창조를 위한 강한 신념을 갖고 있어야 하지만 건축의 사용자로서 세상의 요구에 대해 마음과 눈을 열어야 한다. 그리고 건축물이 우리에게 말하도록 귀를 기울여야 한다. 미술관에서 중요한 것은 건축가의 자의식이나 건물 모양이 아니라 공공적 역할과 건강한 삶, 사회적 교류와 같은 요인이다.

미술관은 주변 환경과 보다 직접적이고 일상적인 관계를 맺으며 사람의 반응을 끌어내는 장소다. 좋은 공간이라는 것은 많은 사람이 사용하는 곳이고, 이런 측면에서 그 안에서 행복한 시간을 누릴 때 공간의 가치를 인정받는다. 오사카 국립 국제미술관은 소통과 연결의 공간이다. 도시와 사람에 더욱 밀착되기 위해 광장으로 연결되는 열린 공간과 장치다.

특히 공공 미술관은 시민의 삶과 일상에 가깝게 다가가야 한다. 공공재이기 때문에 더욱 그러해야 한다. 그래서 일상의 삶이 미술관과 어우러질 때 도시는 살아나고, 건축은 더욱 빛난다. 건축적 가치를 갖는다.

자연과 함께하는 힐링 공간

자연경관을 싫어하는 사람은 없을 것이다. 자연이 몸과 마음을 회복시키고, 자연에 심신을 노출하면 안정감과 집중력이 회복된다. 미술관 설립자는 여러 가지 어려움을 무릅쓰고, 도시를 떠나 자연 한가운데 미술관을 세운다. 그것은 자연이 주는 좋은 점을 선호하기 때문이다.

아름다운 자연 속에 자리 잡은 미술관은 휴식과 편안함을 제공한다. 육체적, 정신적 편안함을 주는 환경에서 우리가 하고 싶은 것을 할 수 있는 장소를 제공해 줌으로써 평안과 위안, 휴식을 준다. 미술관은 일상적인 스트레스에 대한 완충재 역할을 함으로써 행복감을 높인다.

미술관은 일상에 지친 현대인이 자연과 예술에 대한 감수성을 일깨우고 새로운 자신을 발견하고 '살아갈 힘'을 되찾을 수 있는 장소다. '힐링(healing)'을 위한 공간으로 더 없이 유용하다. 하코네 숲속 자연에 지어진 폴라 미술관은 더할 나위 없이 인상적인 치유 공간이다.

체류형 미술관인 나오시마 현대미술관은 자연과 예술에 둘러싸여 휴식한다는 개념이 실현되었다. 폴라 미술관과 타테바야시 미술관, 키리시마 미술관 역시 자연의 품에서 여가와 쉼을 즐길 수 있는 힐링 공간이다.

미술관 설계자는 기존의 전시 공간 위주에서 탈피하여 휴식 기능을 강화하는 건축적 요구를 인식해야 한다. 보다 개방적이고 친밀한 공간이어야 하며 대화와 놀이를 촉진하는 쉼의 공간을 만들어주어야 한다. 이러한 미술관은 밝고 유쾌한 미래의 꿈을 나누는 시민의 휴식처가 된다.

공공을 위한 열린 공간: 공공성

미술관은 모든 시민이 편안하게 이용할 수 있는 공공장소다. 명지대 박인석 교수는 "공공건축물은 공간적 경험을 통해 공공적 감수성을 키우는 공간이다."라 한다.

오늘날같이 자본이 중심이 되는 사회에서 공공 공간의 역할은 더 없이 중요하다. 어떤 계급이나 경제적 계층의 위상과 상관없이 누구나 쉽게 접근할 수 있어야 한다. 미술관 가치는 건축물이 개방적이며 공공성이 높을 때 그 쓸모를 인정받을 수 있다. 어떻게 보면 미술관 자체가 오늘날 부족한 공공 공간을 경험하게 함으로써, 삶의 질을 높여줄 수 있는 중요한 역할을 담당한다.

좋은 미술관은 개방적이고 부담 없이 이용할 수 있는 곳이다. 모두가 누릴 수 있는 공공 공간으로 만들어 누구나 쉽게 오도록 해야 한다. 열린 공간, 공유할 수 있는 공간이라는 분명한 이미지를 심어 주어, 체류성과 개방성을 높여야 한다. 가나자와 21세기 미술관과 오사카 국립 국제미술관, 폴라 미술관에서는 무료 공간을 두어 공공성 개념을 잘 실현했다.

미술관이 단순히 작품을 전시하는 건축물이나 예술품을 수집, 보존되는 공간에 그쳐서는 안 된다. 예술품을 매개로 삶을 풍요롭고 즐겁게 만들고, 이용자와 예술, 사회, 자연이 소통하고 연결되는 기억과 경험의 공적 장소가 되어야 한다.

장소에 적합한 건축: 장소성

장소적 성격 표현

그림이나 조각은 예술 분야에서 독립적인 작업에 속한다. 하지만 건축은 항상 특정 장소의 일부가 될 수밖에 없다. 장소성은 하나의 요소 문제가 아니라 일정 장소에서 건물과 자연, 인간이 시간과 함께 만들어 내는 모든 관계를 말한다. 그래서 장소성은 장소와 시간에 따라 다르게 체험될 수 있다.

이와 관련하여 건축가가 고민하는 것은 두 가지이다. 첫째, 대지가 가진 잠재력을 정확하게 파악하고 건물을 통해 그 잠재력을 확장하는 것이다. 둘째, 건물 속에서 사람이 다양한 풍경을 체험할 수 있도록 공간을 조직하는 것이다. 이것을 통해 대지와 건물이 일체가 되도록 만든다. 안도 다다오는 대지에 대한 해석 능력이 탁월하다. 나오시마에 실현된 치추 미술관을 비롯한 그의 건축은 장소성이 돋보인다.

건축가는 건물을 지을 때 대지를 무시할 수는 없다. 모든 대지는 그 대지만의 풀어야 할 숙제를 안고 있다. 건물의 주 전망은 어느 방향인가? 사람들이 건물에서 바라보는 것은 무엇인가? 건물 주변의 자연은 어떤가? 좋은가, 나쁜가 아니면 그저 그런가? 부지는 평평한가 아니면 경사져 있는가? 해는 어느 쪽에서 뜨는가? 건축가는 이러한 모든 요소를 고려해야 한다. 특히 대지의 조건이 건축에 중요한 역할을 하거나 디자인에 많은 영향을 미친다면 더욱 심사숙고하지 않을 수 없다.

미술관은 위치하는 장소에 따라 공간적 특질이 결정된다. 주변 환경은 제약이 될 수도 있지만, 영감을 주는 대상이다. 그러므로 주변 환경에 대한 제대로 된 해석이 필요하다. 건물과 주변 경관을 하나도 놓치지 않으면서 관람객의 자연스러운 동선을 유도하고, 전시 작품이 건물에 묻히지 않도록 배려한 것은 건축가의 능력을 보여주는 사실(fact)이다.

빌바오 구겐하임 미술관은 도시 전체를 재정의하기도 한다. 새로운 세기의 시작을 알리는 아이콘, 상징되는 건축물은 스스로 장소성을 부여하고 그곳을 새롭고 의미 있는 장소로 만든다. 타테바야시 미술관과 폴라 미술관, 사야마이케 뮤지엄은 주변 환경과 장소에 대한 정확한 해석으로 적확한 디자인을 연출했다. 그럼으로써 그 지역을 아주 특별한 곳으로 만들었다.

아주 특별한 장소

작가이자 문화 기획가인 요한 이데마는 "미술관은 미술을 위한 묘지만은 아니다."라고 말한다. 미술관이 작품을 전시, 보존하는 기본 기능에 안주할 것이 아니라 사용자에게 특별한 장소가 되어야 한다는 의미다. 친구를 만나거나 모임을 여는 위락 공간이 될 수도 있고, 방문자 의식과 생각에 따라 미술관 목적과 용도, 역할이 다양하게 변화되어야 한다.

> 미술관은 친구를 만나거나 전시된 것에 촉발되어 인생에 관한 의미 깊은 대화를 나누는 굉장한 장소가 될 수도 있다. 미술관은 자신의 생일을 축하하는 장소가 될 수 있고 장례식에 참석한 후 슬픔을 달래기 위해 가는 곳이 될 수도 있다. 그저 평화를 즐기기 위해 혹은 스트레스를 해소하기 위해 미술관에 갈 수도 있다. 그리고 혹시 아는가? 어쩌면 미래의 미술관에서 미래의 배우자를 만나게 될지도 모른다.
>
> **요한 이데마**, 〈미술관 100% 활용법〉

미술관은 감각을 다독이고 삶이 흘러가는 것을 바라보고 혹은 철학적인 경험을 하는 곳이다. 언제나 미술관에 가면 예기치 않은 무언가를 얻을 수 있다. 미술관은 의미 있는 일이 일어날 수 있는 특별한 장소가 된다.

지역 재생 및 활성화

미술관은 물리적 공간일 뿐만 아니라 사회적 공간이다. 이러한 미술관이 사회적 기능을 발휘해 지역 발전에 이바지한다. 지역에 건립된 미술관이 경제 활성화에 이바지하는 사례는 많다. 그 대표적인 예가 가나자와 21세기 미술관과 토미히로 미술관, 폴라 미술관 그리고 나오시마에 건립된 미술관들이다. 테이트 모던 미술관은 지역사회를 변화시킨다.

> 테이트 모던 사례를 살펴보면, '미술관 하나를 지었을 뿐인데 지역사회가 어쩌면 저렇게 변했을까'하는 생각이 든다. 우리는 이 사례에서 관광효과, 주민의 문화예술 활동 상승, 지역의 슬럼화 극복, 삶의 질 향상 등 다양한 분야에서 매우 큰 변화를 이루어낸 것을 보게 된다. 바로 도시재생이 진정으로 추구해야 하는 가치가 무엇인지를 명확히 보여주는 사례인 것이다.
>
> 윤주, 〈도시재생 이야기〉

『미술관의 뒷모습』의 저자 다카하시 아키야는 "미술관은 도시의 중심에 있어야 더 좋은 기능을 발휘한다. 랜드마크로서 도시 전체를 활성화할 만한 에너지를 내포하고 있기 때문이다."라고 말한다. 다카하시의 의견처럼 도심에 있는 미술관은 도시의 재생과 활성화에 큰 역할을 담당한다.

폴라 미술관과 토미히로 미술관, 타테바야시 미술관은 교외 지역, 자연 깊숙한 곳에 있다. 이 미술관들은 도심이 아닌 교외에 위치하지만, 지역에 미치는 영향력이 크다. 특히 나오시마의 치추 미술관과 이우환 미술관, 나오시마 현대미술관은 지역 재생에 이바지한 사례로 평가되며, 그 지역을 새로운 곳으로 변모시켰다. 지역개발의 모범적 모델로 인정받아 성공의 비결을 배우기 위해 많은 사람이 찾는다.

미술관은 관광을 위한 순례지에 포함되기도 한다. 관광지에 인접한 폴라 미술관과 토미히로 미술관은 투어리즘의 혜택을 주고받는다. 바다 위에 지어진 루브르 아부다비 뮤지엄은 지리적 정체성도 바꾼다. 한때 사막이었던 사디얏 연안이 예술과 문화의 발원지가 되고 있다. 루브르 박물관 브랜드와 마찬가지로 대단히 강력한 이름을 가진 아부다비 브랜드와의 협력은 새로운 가치를 창조한다.

미술관이 도심에 있든, 한적한 자연 속에 있든, 사회적 기능을 발휘해 지역 발전에 이바지한다. 잘 지어진 건축물은 한 장소를 부각해 줄 뿐만 아니라 국가나 지역의 상징물이 된다. 사야마이케 뮤지엄은 치수와 관개, 물의 역사를 건축적으로 잘 보여준다. 역사성을 가진 물을 건축 언어로 채용하여 물과 관개, 환경, 삶의 의미를 놀라운 형태의 수공간으로 연출함으로써 지역을 상징하는 건축물이 되었다.

미술관 건축의 새로운 모색

배치 및 입지

　미술관을 지을 때 부지 위치와 입지는 중요하다. 도심 속 부지는 당연히 경제적으로 큰 부담을 준다. 부지 성격과 위치, 조건에 따라 미술관 성격과 특성이 결정된다. 그만큼 부지는 미술관이라는 존재를 정의하는 데 결정적 요소다.

　미술관이 위치하는 주변 환경은 제약이 될 수도 있지만, 영감을 주는 대상이 될 수 있다. 까다로운 부지는 건축가에게 도전 정신을 불러일으킨다. 이것은 단순히 처리 곤란한 지형을 극복하기 위한 기술적 어려움도 있겠지만, 이미 아름다운 자연경관에 무엇인가를 더해야 할 때 오는 책임감이 크기 때문이다.

　치추 미술관과 이우환 미술관, 나오시마 현대미술관과 폴라 미술관은 부지 특성을 반영하여 지형을 적절히 이용했다. 치추 미술관에는 나오시마의 경관을 해칠 수 없다는 건축가의 신념이 녹아 있다. 키리시마 미술관은 경사진 대지를 손대지 않고 그대로 살렸으며 토미히로 미술관 역시 주변 환경에 방해되지 않고 지면에 살며시 놓여 있다.

사람은 풍경에 대해 민감하게 반응한다. 평평한 대지는 그다지 큰 감흥을 일으키지 못하지만, 산이나 숲으로 가려진 땅이 평지보다 훨씬 호기심을 자극한다. 치추 미술관과 이우환 미술관, 폴라 미술관은 땅이 가진 속성을 건축적으로 담아내어 색다른 체험과 감흥을 불러일으킨다.

전원형 미술관인 나오시마 현대미술관과 키리시마 미술관, 타테바야시 미술관, 폴라 미술관은 자연환경에 적절히 조화된다. 가나자와 21세기 미술관과 오사카 국제미술관은 도심형 미술관으로서 도심이라는 입지적 특성을 잘 살렸다. 도심이나 자연 속이나 어디에 위치하든지 그 장소에 적합하게 조성된 미술관은 그만의 확고한 정체성을 담아낸다.

치추 미술관과 이우환 미술관, 오사카 국제미술관은 땅속 지하형 미술관이다. 치추 미술관과 이우환 미술관은 산이라는 지형을 활용했으며, 오사카 국립 국제미술관은 복잡한 도심이라는 입지를 고려하여 땅속 미술관으로 만들었다. 모두 입지적 특성을 해석하여 그 지역에 적합하게 조성한 훌륭한 사례이다.

키리시마 미술관과 타테바야시 미술관은 건물과 부지가 조화되어 하나의 풍경처럼 느껴진다. 사야마이케 뮤지엄은 부지의 조건과 지역의 역사 그리고 자연환경을 주요 개념으로 설정하여 그 내용을 건축적으로 잘 풀어냈다. 시원한 물의 향연을 즐길 수 있는 장소로서 시민에게 사랑받고 있다.

자연 확장으로서의 건축

건축은 자연의 확장이다. 건축가 김중업은 "건축은 인간에의 찬가이며 알뜰한 자연 속에 인간의 더 나은 삶에 바쳐진 또 하나의 자연이다."라고 말한다. 자연 속 미술관은 일상에서 벗어나 삶의 피로감을 감소시키고 기분 좋음을 선사한다.

루이스 칸은 "미술관에는 정원이 필요하다. 정원을 걷고 안에 들어갈 수도 있고 들어가지 않아도 좋다. 이 큰 정원은 미술품을 보러 들어와도 좋고, 통과해도 좋다."고 한다. 유럽에는 자연을 끌어들여 정원 같은 미술관도 많다. 자연의 건축화를 뜻한다.

가나자와 21세기 미술관은 기존 장소와 문화적 맥락에 조용히 흡수되어 있다. 타테바야시 미술관과 폴라 미술관에서는 건축-예술-자연의 통합을 지향한다. 대지가 가진 장소성을 거스르지 않고 그 속에서 새로운 건축과 그 안에 담긴 전시 콘텐츠 사이의 조화를 꾀한다.

치추 미술관과 나오시마 현대미술관, 키리시마 미술관, 타테바야시 미술관은 자연환경에 적합하다. 자연환경 및 경관을 고려하여 그 장소에 맞도록 배치했다. 특히 타테바야시 미술관은 주변 환경과 적절하게 조화되어 건축이 자연 일부처럼 보인다. 이 미술관에서 풍경은 자연과 건축이 일체화된 모습이며 새로운 풍경을 기대하는 방문자의 바람을 만족시킨다.

미국 지리학자 로저 울리히(Rogger Ulrich)의 연구에 따르면, 풍경의 일부가 숨겨져 있거나 멀어질 경우, 풍경에 대한 만족도가 증가한다고 한다. 사람들은 눈앞에 보이는 한계 너머에, 발견되기만을 기다리고 있는 새로운 풍경을 찾아 나서고자 하는 성향이 있다. 이런 충동은 아마도 인간의 탐색 본능에 그 뿌리를 두고 있을 것이다.

폴 키두웰, 〈헤드스페이스〉

폴라 미술관과 키리시마 미술관, 타테바야시 미술관은 특별한 경험을 할 수 있는 자연 속 미술관이다. 건축물 개성보다는 자연을 보호하기 위해 인공의 구조물이 환경과 얼마나 조화롭게 어울리는가에 초점을 맞추었다. 결과적으로 지형에 맞추어 건축이 대지에 놓이면서 주변과 어우러져 마치 하나의 풍경처럼 조화를 이룬다. 건축과 예술, 건축과 자연의 충돌이 뿜어내는 에너지로 미술관은 그 자리에서 확고하게 숨 쉬고 있다.

평면 디자인

친밀한 공간 구성

미술관 설계는 매우 다양한 방식으로 전개되고 있다. 건축은 기능적이면서도 미적인 목적을 수행해야 하므로 무엇을 어떻게 담는가는 복잡한 일이다. 건축가는 느낌과 기능, 시각적 표현과 건설 방식, 공간적 효과와 디테일을 생각해야 한다. 즉시 나타나는 효과뿐 아니라 장기간에 걸친 사용 방식을 고려해야 하며 내부 공간뿐 아니라 주변 환경도 생각해야 한다. 그러므로 건축가가 미술관을 설계하는 것은 창의성을 총동원하는 일종의 도전이다.

미술관 건축에서 가장 먼저 고려되어야 할 중요한 것은 작품이다. 작품 즉, 컬렉션이 주인공이며 컬렉션을 위한 전시 공간구성의 핵심이다. 미술관 평면도를 보면 건물이 실제로 어떻게 기능하는지에 대한 충분한 고려를 읽을 수 있다. 평면도에는 건축가의 수많은 의도가 내포되어 있다. 건축물은 쓰임새에 맞는 공간을 만들어 내야 하는데, 특히 미술관 전시실은 적절한 형태와 규모를 갖추어야 한다.

미술관은 기본적 기능을 충실히 수행해야 하므로, 조형에 대한 강조보다 평면 구성에 치중해야 한다. 내부 공간과 전시 공간을 더 무게감 있게 다루고, 공간구성에 더욱 치밀한 계산과 노력을 기울여야 한다. 이러한 특징이 두드러진 곳이 토미히로 미술관과 가나자와 21세기 미술관, 키리시마 미술관이다. 세 미술관 평면은 독창적이다. 전체적으로 평면이 단순할 뿐 아니라 그 구성도 명쾌하다. 건축가의 주체적 디자인 언어가 돋보이며 설계자의 창조적 능력을 확인시켜 준다.

미술관 건축 계획에서는 전시 공간과 사무 공간, 기술 제어실뿐만 아니라, 카페테리아, 서점, 도서실, 뮤지엄 숍, 주차장 등 대중을 위한 새로운 서비스 공간도 염두에 두어야 한다. 왜냐하면, 미술관은 예술 감상뿐 아니라 다양한 체험과 이벤트가 이루어지는 곳이기 때문이다. 비전시 공간구성과 배치, 이용자를 고려한 공간 활용이 중요한 화두가 되고 있다.

미술관에는 더욱 세련되고 편리한 건축 요소가 필요하다. 진열장을 비롯해 조명, 표지, 안내에서 보안 시스템, 매표소, 컬렉션의 전산 관리에 이르는 특수 장치까지 그 시대의 공학적 기술이 반영된다. 이러한 장치의 발전은 미술관 기능 변화와 시대적 역할을 반영한다. 비전시 공간에 대한 사용자의 배려와 첨단 시스템 적용이 미술관을 새로운 공간으로 변화시킨다.

무료 공간과 편리한 접근성

우리는 일상의 무게가 마음을 누를 때나 영혼의 휴식이 필요할 때 미술관에 간다. 일상생활과 다른 새로운 공간에서 예술 작품과 건축의 아름다움을 느끼고 호흡한다면, 미술관은 편리하고 편안한 영적 치유 공간이 될 수 있다. 미술관에 가는 것은 새로운 에너지와 영감을 얻기 위한 여행의 시작이다.

이러한 미술관은 건축물의 정체성이 드러나는 고유한 형식을 갖는다. 우선 처음 방문하는 사람도 쉽게 찾을 수 있어야 한다. 좋은 미술관이란 소리를 듣지만, 사람이 찾지 않는 미술관은 사실상 존재 가치가 없다. 미술관은 누구나 자유롭고 차별 없이 접근할 수 있는 문화의 통로가 되어야 한다. 공공 미술관이라면 더욱 그렇다.

일반적인 미술관은 들어가기 전에 표부터 사게 되어 있다. 하지만 가나자와 21세기 미술관과 오사카 국립 국제미술관, 폴라 미술관은 무료입장할 수 있다. 무료 공간을 두어 표를 사지 않고 내부로 들어가 공용 공간을 즐길 수 있다. 자유로운 진·출입이 가능하여 공적인 공간을 누구나 부담 없이 자유롭게 이용한다.

영국의 데이트 모던 미술관도 무료로 사용할 수 있다. 이 미술관의 경우 일부 특별전을 제외한 모든 전시가 무료로 진행된다. 이곳은 곳곳에 독특한 디자인의 기부금 상자를 만들어 관람객의 자발적인 참여를 통해 기부금을 모은다.

미래 미술관의 개념은 권위를 내세우고 정보를 전달하는 전형적인 방식에서 벗어나, 주변 환경과 보다 직접적이고 일상적인 관계를 맺는 것이다. 그러므로 이용자 반응과 참여를 끌어내는 미술관으로 바뀌게 된다. 예술과의 직접적인 만남을 통해서 대중이 아이디어와 이슈에 관한 경험을 나누고 소통하는 장으로 자리매김한다. 베라 졸버그의 말처럼 많은 사람이 스스로 찾아오는 미술관을 추구해야 한다.

형태 디자인

소프트웨어 측면에서 미술관에서 가장 중요한 것은 컬렉션이다. 즉 미술관의 성격을 규정지을 수 있는 수집품, 미술품이다. 하드웨어 측면에서 필요한 것은 미술품을 담는 그릇이자 공간, 즉 건축이다.

건축은 인간을 위한 것이다. 건축을 인간 척도로 되돌리기 위해서는 무엇보다도 지속적인 사고와 섬세한 감수성, 피나는 노력이 필요하다. 미술관 설계는 건축가의 창의력을 자극한다. 형태적인 유혹에 벗어나기 어렵다. 하지만 일본 미술관 건축에서는 조형적인 특성이 강하게 나타나지 않는다. 화려하지 않으며 조형성도 강하지 않다.

특히 토미히로 미술관과 키리시마 미술관은 단순한 박스 모양의 건물로서 아주 단순하다. 치추 미술관과 이우환 미술관, 오사카 국립국제미술관은 형태가 숨겨져 있어 보이지 않는다. 이우환 미술관은 극단적으로 절제되어 깔끔(minimal)한 작가의 작품과 잘 어울린다.

키리시마 미술관은 오브제로서의 건축이며, 폴라 미술관, 가나자와 21세기 미술관, 키리시마 미술관은 단일 매스로서의 건축적 형태를 보여준다. 특히 키리시마 미술관은 직선형의 단순한 외관이라 미술관 건물이라기보다 절제된 조각과 같다. 이들은 그럴듯한 외관으로 주목받던 기존 미술관에 대한 고정관념을 허물었다.

건축도 예술 작품처럼 감동을 위해 구성된 하나의 장치이다. 이 장치는 상대적이고 불완전한 요소는 제거되고 가능한 한 단순화된 형태로 만들어진다. 건축물이 그저 이 세상에 존재하는 것만으로 미적인 목적을 충족시킬 수 없다. 주변 환경에 적합한 형태여야 한다. 빌바오 구겐하임 미술관처럼 독보적인 외관을 보여주는 것도 있다. 그것은 그 장소에 맞도록 설계되었기 때문에 나름의 가치를 인정받는다.

전체의 통일성과 견고함보다는 부피감과 공간을 중시하고, 축을 중심으로 한 대칭보다는 규칙성과 리듬을 장식보다는 비율과 자재(資材)에서 오는 아름다움을 강조하는 추세이다. 키리시마 미술관과 토미히로 미술관은 화이트 큐브로 불리는 하얀 벽으로 된 상자와 같다. 두 미술관은 그 장소에 알맞게 놓인 오브제로서 시각적인 즐거움을 준다.

가나자와 21세기 미술관과 키리시마 미술관, 타테바야시 미술관은 공원 내에 위치하여 그 장소의 일부처럼 느껴진다. 특히 토모히로 미술관과 타테바야시 미술관은 건축물의 높이가 낮아 수평적이다. 주변 경관에 적절히 어울린다. 타테바야시 미술관은 자연에 녹아들어 하나의 그림이나 풍경처럼 보인다. 자연환경과 경관에 조화되도록 건축물 높이를 낮추어 수평성을 강조한 미술관이다.

조명과 빛 디자인

빛과 비례는 건축물의 척추와도 같다. 미술관 건축에서 빛에 대한 계획은 건축가가 풀어야 할 중요한 과제다. 빛은 기분을 좋게 만들고, 공간에 대한 인식을 바꾸며, 작품과 건물의 입체감을 표현하는 데 있어 중요한 역할을 담당한다. 빛은 건축가의 가장 강력한 수단 중 하나다.

천창을 통해 유입되는 자연광은 방문자의 기분을 상쾌하게 하지만 미술품 관리에서는 최고의 금기가 햇빛이다. 햇빛을 차단하거나 조절해야 한다. 그 외 온도, 습도와 같은 요소도 함께 고려해야 한다. 국제적 원칙은 온도 21±2도 이하, 습도 50±3~5% 이하로 유지하는 것이다. 미술관 전시실은 적절한 조도와 휘도를 갖추어야 하므로 조명 또한 중요하다.

폴라 미술관과 치추 미술관에서 자연광의 유입은 매우 과학적이다. 자연광은 시대를 초월하여 인간에게 가장 이상적인 빛이다. 치추 미술관에서 안도 다다오는 빛을 사용하여 공간을 조각한다.

미술관의 주인공은 누가 뭐라 해도 컬렉션이다. 실내 장식은 최소화하고 그 외 부속 장치는 드러나지 않아야 한다. 벽면의 색상과 텍스추어(질감)은 공간 연출의 중요한 요소이다. 토미히로 미술관에서는 작가의 작품에 어울리는 벽체의 색을 결정했다. 치추 미술관에서는 슬릿(slit)한 개구부를 두어 이동 통로에 빛을 투과시켰으며, 이우환 미술관에서도 제한적인 천창을 두어 공용부를 밝혔다. 오사카 국립 국제미술관에서는 뚫린 공간을 두어 빛이 지하까지 유입되도록 했다.

미술관 계획에서 조명과 채광 디자인은 전문 영역에 속한다. 건축물의 구조와 형태, 예술품의 성격에 맞도록 설계되어야 한다. 그러므로 특정한 지침을 일률적으로 적용할 수 없으며 전시 환경의 복합적인 요인에 의해 결정되어야 한다. 예술 작품과 미술관의 성향에 맞는 공간을 만들어 관람자에게 특별한 경험을 제공하는 것이 중요하다.

여행의 끝은 언제나 아쉬움이 남는다. 하지만 그 아쉬움이 새로운 여행으로 이어진다. 일본 미술관 건축에 대한 여행도 그렇다. 이라크 출신 건축가 자하 하디드(Zaha Hadid)는 미술관을 "미술을 중심으로 문화 예술에 대한 새로운 시각과 폭넓은 이해를 제공하는 곳"이라 한다. 미술관은 현대 건축의 예술성을 보여줄 뿐 아니라 예술과 건축에 대한 체험으로 삶의 질 향상에 이바지한다는 사실을 기억하자.

글을 마치며

　이 책을 쓰기 위해 자료를 틈틈이 수집하고 정리하는 데 오랜 시간이 걸렸다. 2006년부터 가나자와 21세기 미술관에 대한 자료를 정리한 것을 토대로 책의 구상이 시작되었다. 한 곳 한 곳 미술관을 방문할 때마다 느껴지던 독특한 인상과 분위기가 아직도 생생하다.

　나오시마 여행은 3박 4일의 짧은 일정이었다. 여행을 준비하다 후쿠다케 소이치로(福武總一郎)가 쓴 『예술의 섬 나오시마』를 읽었다. 이우환 미술관은 텅 빈 광장에 긴장감을 불어 넣는 18.5m의 기둥과 미술관의 형체를 감추는 가벽이 압권이었다. 나오시마 현대미술관은 지형을 자유자재로 이용한 건축가의 감성이 느껴지며 자연과 바다, 건축이 하나로 어우러진 모습이었다. 치추 미술관은 안도 다다오의 혁신적인 아이디어가 적용되어 지하 공간임에도 자연광이 풍부하게 들어오고, 시간의 흐름에 따라 다양한 표정을 보여주는 분위기가 인상적이었다. 시공 전문가 일행과 디테일, 마감 상태를 보면서 이야기를 나누다 보니 안도 건축의 창의성과 도전 정신이 피부에 와 닿았다.

가나자와 21세기 미술관과 키리시마 미술관은 이토 요이치 교수 연구실 견학회 때 보았던 것으로서 현대적인 디자인이 눈길을 끌었다. 가나자와 21세기 미술관은 장소성을 살린 설계 콘셉트, 공공성 실천이 빛나는 건축이었다. 단순한 형태로 주민에게 열려 있어 누구든지 자유롭게 출입할 수 있으며, 관람객은 호기심이 이끄는 대로 가고 싶은 곳에 다가간다. 야외 공원에 있는 키리시마 미술관은 건축물이 하나의 오브제, 하나의 조각품처럼 보였다. 단순한 형태의 건축물과 탁 트인 조각공원이 잘 어울렸다. 화려하지 않고 소박한 멋이 느껴졌다.

오사카 국립 국제미술관과 사야마이케 뮤지엄은 가족과 함께 한 여행 때 보았던 것으로 기억이 새삼스럽다. 두 미술관은 공간 대부분이 지면 아래에 있다. 물이 중요한 건축적 장치로 이용되었고, 물에 대한 표현이 놀라웠다. 오사카 국립 국제미술관의 물은 삼각형 구조체 경사면을 타고 흘러내리는데 그 원리와 연출 방식이 신비로웠다. 사야마이케 뮤지엄의 물은 거대하고 충격적이었다. 안도 다다오가 구현한 물의 기법 중 가장 직접적이고 대담하고 체험적이었다. 바로 옆이 저수지라는 역사적, 지리적 특성을 각인시키려는 의도가 담겨있다. 폭포처럼 떨어지는 물, 그 물이 모여서 아래로 흐르고 바람에 흩날린다. 방문자는 이제까지 보지 못했던 물의 여러 가지 표정을 경험할 수 있다. 오감으로 느껴지는 물은 그 장소에 대한 강력한 기억의 장치다.

하코네에 있는 폴라 미술관은 부모님과 함께한 여행 때 본 것으로 그때의 사진을 넘기다 보면 감회가 새롭다. 아버지는 일본에 오셔서 심한 감기를 앓으셨다. 하지만 돌아가실 시간은 정해져 있었기에 예약된 일정대로 움직일 수밖에 없었고, 피곤한 몸으로 미술관 투어에 함께해 주셨다. 죄송한 마음이었다. 폴라 미술관은 다리를 건너 출입구에서 에스컬레이터를 통해 지하 공간에 도달하는 동선이 흥미롭다. 나오시마 치추 미술관처럼 미술관이 자연에 거슬리지 않도록 숲속 지면 아래 있다. 천장 및 개구부로부터 들어오는 빛과 자연도 신선하다.

토미히로 미술관은 토미히로 호시노의 작품을 전시하는 곳이다. 미술관은 시인이자 구족 화가인 토미히로를 닮았다. 건축물의 형태와 공간구성, 높이, 전시 공간구조가 그의 그림 세계를 그대로 반영한다. 전시 공간구성, 그림을 전시하는 형태, 그림 크기에 대한 고려, 동선 연결, 공간 조직은 어떤 미술관에서도 찾아볼 수 없는 특별한 구조다.

타테바야시 미술관은 그야말로 자연적이며 서정적이다. 미술관은 푸른 자연 위에 놓여 한 폭의 그림 같은 느낌을 준다. 자연을 거스르지 않는 시적인 건축이다. 내가 살았던 곳과 가까워 자주 갔었던 곳이라 계절별로 다른 사진이 남아 있다. 모두가 소중한 추억이다.

건축은 우리의 생각을 담아 후대에 가르쳐주는 것, 그럼으로써 스스로 문화가 되고 문화를 이어주는 것이다. 내가 본 일본 미술관은 그마다 각각 다른 개성과 건축적 의의가 크다. 건축가의 독특한 언어와 설계 개념, 높은 지역적 기여도, 주변 환경과 조화되는 모습이 또 다른 미술관의 미래를 그리는데 크나큰 영감을 준다. 미술관이 관람자에게 주는 감동과 기쁨, 교류와 정보의 가치는 어떤 종류의 건축물보다 대단하다. 만약 독자가 건축을 공부하는 사람이라면 더 의미 있는 미술관 건축에 도전하는 곳인데 도움이 되길 바란다.

이 책이 나오기까지 오랜 시간이 걸렸으며 많은 이의 사랑과 관심이 있었다. 아내는 일본어 자료를 정확히 읽고 정리하는 데 힘이 되어 주었다. 책 홍보를 위해 기꺼이 함께해 주신 정도화, 홍순경, 이민정, 임승호, 김미란 대표와 김진아, 유진우 소장께 고마움을 전한다. 언제나 사랑으로 응원해 주시는 어머니, 장인, 장모님 그리고 누나, 동생에게도 감사드린다. 두 딸 혜민, 혜인에게도 소중한 성과를 보여주어 기쁘고, 좋은 책을 만들어주신 북랩에게도 고마운 마음을 전하며 좋은 인연이 지속되길 희망한다.

2025년 8월

참고 문헌

국내서

김강섭, 건축직설, 미세움, 2018
김지연, 제주 뮤지엄 여행, 도서출판더블:엔, 2016
신인철, 미술관 옆 MBA, 을류문화사, 2014
임채진, 건축의 누드작가 안도 다다오, 살림, 2006
정희정, 나오시마 디자인 여행, 안그라픽스, 2011
명로진, 이경국, 도쿄미술관 예술산책, 마로니에북스, 2013
이은화, 숲으로 간 미술관, 아트북스, 2015
이은화, 그랜드아트투어, 아트북스, 2017
이은화, 유럽의 현대미술관, 아트북스, 2011
최재혁, 박현정, 아트 도쿄, ㈜북하우스, 2011
문무경, 김성곤, 유럽 디자인 여행, 안그라픽스, 2008
윤주, 도시재생 이야기, ㈜살림출판사, 2018
조경자, 때때로 일본 시공 여행 west, 테라, 2010
박재삼 역, 건축과 시(폴 발레리의 건축론), 기문당, 1998
민현식, 건축에게 시대를 묻다, 돌베개, 2006
구본준, 세상에서 가장 큰 집, 한겨레출판, 2017
박범신, 소소한 풍경, 자음과모음, 2014
차현호, 자전거 건축여행, 앨리스, 2012
양진석, 여덟 단어로 시작하는 건축공부 교양 건축, 디자인하우스, 2016
최우용, 일본건축의 발견, 궁리, 2019

최봉수, 나오시마 삼익삼색, ㈜웅진씽크빅, 2010

곽대영, 한아름, 공장 굴뚝에 예술이 피어오르다, 미세움, 2016

이소, 화가가 사랑한 파리 미술관, 다독다독, 2017

고영애, 내가 사랑한 세계 현대미술관 60, 헤이북스, 2017

차현호, 나오시마에 대체 뭐가 있는데요, ㈜아트북스, 2017

서민우, 서상우, 이성훈, 21세기 새로운 뮤지엄건축, 기문당, 2014

김광현, 건축 이전의 건축, 공동성, 공간서가, 2015

임석재, 교양으로 읽은 건축, 인물과 사상사, 2008

임석재, 건축, 우리의 자화상, 인물과 사상사, 2005

임석재, 현대 건축과 뉴 휴머니즘, 이화여자대학교출판부, 2003

승효상, 오래 된 것은 아름답다, 컬처그라퍼, 2012

승효상, 지혜도시 지혜의 건축, ㈜서울포럼, 2005

승효상 외, 건축이란 무엇인가, 열화당, 2005

김성홍, 길모퉁이 건축, 현암사, 2011

함성호, 반하는 건축, 문예중앙, 2012

서현, 빨간도시, 효형출판, 2014

신동관, 좋은 건축에 대한 10가지 이야기, 북랩, 2016

송준호, 프리츠커상을 빛낸 현대 건축가, 도서출판 대가, 2007

이관석, 현대 뮤지엄 건축(여섯가지 키워드로 읽기), 파주 열화당, 2014

조은영, 임현지, 두바이·아부다비, ㈜시공사, 2019

조원재, 삶은 예술로 빛난다, 다산북스, 2023

외국서

안도 다다오, 건축을 꿈꾸다, 안그라픽스, 2012

안도 다다오, 나, 건축가 안도 다다오, 안그라픽스, 2009

자예 애베이트, 마이클 톰셋, 김현정 역, 건축의 거인들, 초대받다, 나비장, 2009

쿠마 겐고, 임태희 역, 약한 건축, designhouse, 2013

다니구치 요시오, 토요타 미술관, 1995

후쿠야마 마사오, 김미리 역, 안도 타다오, 마로니에북스, 2010

호시노 토미히로, 김유곤 역, 극한의 고통이 피워 낸 생명의 꽃, ㈜문학사상사, 2001

후쿠타케 소이치로, 예술의 섬 나오시마, 안그라픽스, 2011

에블린 페레 크리스텝, 김진화 역, 벽, 눌와, 2005

도미니크 풀로 지음, 김한결 역, 박물관의 탄생, 돌베개, 2014

만프레드 라이어 외 지음, 신성림 역, 세계에서 가장 아름다운 미술관 100, 서강출판사, 2007

요한 이데마, 손희경 역, 미술관 100% 활용법, ㈜아트북스, 2016

비톨트 립친스키, 서경욱 역, 건축은 어떻게 완성되는가, 미메시스, 2016

다카하시 아키야, 박유미 역, 미술관의 뒷모습, 재승출판, 2018

폴 키두웰, 김성환 역, 헤드스페이스, 파우제, 2017

알랭드 보통, 존 암스트롱, 김한영 역, 영혼의 미술관, 문학동네, 2013

마쓰쿠마 히로시, 김인산, 류상보 역, 루이스 칸, 르네상스, 2005

니시자와 류에, 강연진 역, 니시자와 류에가 말하는 열린 건축, 한울엠플러스㈜, 2016

밀드레드 프리드먼, 이종인 역, 게리, 미메시스, 2010

노유니아, 성의현 역, 일본으로 떠나는 서양미술 기행, 미래의창, 2015

이토 토요, 내일의 건축, 이정환 역, 안그라픽스, 2014

알랭 드 보통, 정영목 역, 행복의 건축, 청미래, 2007

長谷川裕子, 美術館における新しい空間概念, 新建築 200411

西沢立衛, 都市の空間 金沢 21世紀美術館とバレンシア近代美術館, 新建築 200411

西沢立衛, 21ST Century Museum of Contemporary Art, Kanazawa, GA Document Vol.83, 2004.12

妹島和世, 都市の空間 金沢 21世紀美術館とバレンシア近代美術館, 新建築 200411

Leandro Eelich, 都市の空間 金沢 21世紀美術館とバレンシア近代美術館, 新建築 200411

新建築, 200101, 200201, 200208, 200210, 200403 200405, 200409, 200411, 200506

GA JAPAN 2001/11-12, 2004/7-8, 2005/7-8

GA Document Vol.83, 2004.12

近代建築 Vol.58 200406, 200209

安藤忠雄, 連戰連敗, 東京大出版會, 2002

安藤忠雄, TADAO ANDO Iinsight Guide, 株式會社講談社, 2013

安藤忠雄×旅(The Complete Grand Tour ANDO), CASA BRUTUS, 2006

日本美術館(100 museum in japan)

日本美術館150

논문 및 잡지

김강섭, 손광호., 지역 미술관디자인의 공공성에 관한 연구, 한국실내디자인학회논문집 제14권 6호 통권 53호, 2005.12

김민정, 김용성, 안도 다다오의 전시공간 특성에 관한 연구, 한국문화공간건축학회논문집 통권 59호., 2017.8

박시원, 윤성호., 안도 다다오 건축의 가벽 표현 특성 연구, 한국문화공간건축학회논문집 통권 33호, 2015.4

서민우, 안도 다다오의 뮤지엄 건축 공간구성 특성 연구, 한국문화공간건축학회논문집 통권 49호., 2015.2

김영훈, 안도 타다오의 작품에 나타나는 수공간의 공생적 해석에 관한 연구, 대한건축학회논문집 계획계 17권9호(통권155호), 2001.9

손영하, 이효원, 안도의 건축구성과 자연의 대응에 관한 연구, 2009 추계학술발표대회 논문집 제9권 제2호(통권 17호)

김남훈, 사나(SANAA) 건축의 공간구성에 나타난 투명성에 대한 연구, Journal of the Architectural Institute of Korea Planning & Design Vol.33 No.10(Serial No.348) October 2017

이현서, SANAA가 설계한 미술관에 나타나는 공간구성요소의 특성 연구, 한국문화공간건축학회논문집 제9권 2호 통권 28호

신소명, 윤상영, 윤재은, SANNA의 뮤지엄 공간구성에서 나타나는 '새로운 위계성'의 표현 특성, 한국실내디자인학회논문집 제22권 4호 통권 99호, 20013.8

최순섭, 오준걸, 21세기 가나자와 현대미술관의 제도적 공간의 비평적 특성에 관한 연구, 대한건축학회논문집 계획계 28권 10호(통권288호), 2012.10

현창용, 건축 프로그램 조직방법에 따른 미술관 공간체험 양상에 관한 연구, 한국디자인학회논문집 제12권 5호 통권 47호

장미정, 최의영, 미술관 건축에 있어서 투명성을 재해석한 전시공간의 '가벼움'표현, 한국문화공간건축학회논문집 통권 39호

김동일, 변화하는 예술에 대응하는 미술관의 사회적 존재론, 문화공간학술연구, 한국문화공간건축학회 2017 춘계학술대회 2017.5

최연우, 이상진, 김기수, 유희적 체험을 고려한 미술관 설계, 대한건축학회지회연합회 학술발표대회논문집 제1권1호(통권 1호) 2005.11

박준형, 김용승, 미술관의 사회적 역할 변화에 따라 나타나는 건축적 특성 분석, 2017년 대한건축학회 추계학술발표대회논문집 제37권 제2호(통권 68집) 2017.10

조혜진, 이재규, 지역 기념 미술관의 장소마케팅 개념과 전시공간기획에 관한 연구, 2010.12

이종숙, 임채진, 미술관 전시공간의 시각구조 분석, 한국실내디자인학회논문집 제16권 6호 통권 65호, 2007.12

권미주, 김용승, 현대 공공 미술관의 사회적 역할에 따른 공간구성에 관한 연구, 한국실내디자인학회논문집 제16권 6호 통권 65호, 2007.12

송정화, 임채진, 세즈마 카즈요(Kazuyo Sejima)의 '21세기 미술관'에 표현된 공간형식과 프로그램, 한국문화공간건축학회논문집 통권 13호

박정태, 김용승, 최근 미술관 공간구조의 다양성 수용에 관한 연구, 대한건축학회논문집 계획계 17권12호(통권158호), 2001.12

백용운, 동선연구와 미술관 전시공간, 대한건축학회논문집 계획계 25권12호(통권254호), 2009.12

백용운, 미술관 전시공간에 사용되는 공간유형, 대한건축학회논문집 계획계 24권8호(통권238호), 2008.8

백용운, 미술관 전시공간의 유형과 그 해석, 대한건축학회논문집 계획계 26권1호(통권255호), 2010.1

최진석, 김문덕, 소규모 미술관에 나타나는 현상학적 요소에 관한 연구, 한국실내디자인학회논문집 제23권 3호 통권 104호, 2014.6

김자영, 인젤 홈브로이히 미술관에 나타난 장소, 파빌리온, 예술의 특성과 의미, 한국문화공간건축학회논문집 통권 56호, 2016.11

이승환, 이영수, 생태적 특성을 적용한 수공간 계획에 관한 연구, 대한건축학회 학술발표논문집 제23권 제1호, 2003.4

유진상, 움직임미술과 현대건축 외피 구축방식의 상관성에 관한 연구, 대한건축학회논문집 계획계 18권8호(통권166호), 2002.8

김유진, 김용승, 21C의 미술관 기능변화에 대한 공간구성 변천에 관한 연구, 대한건축·학회 학술발표논문집 제37권 제1호, 2017.4

서수미, 정사희, 윤갑근, 국내 국·공립 미술관의 공공성 실현을 위한 공간구성 특성에 관한 연구, 한국문화공간건축학회논문집 통권 40호

이관석, 현대 박물관 전시공간에서 자연광 채광방식의 선택 범주, 대한건축학회논문집 계획계 18권9호(통권167호), 2002.9

이관석, 안도 타다오의 박물관에 나타나는 건축적 특성과 그 의미, 대한건축학회논문집 계획계 21권11호(통권205호), 2005.11

정한호, 안도 다다오의 박물관 작품에 나타난 건축적 특성에 관한 연구, 한국문화공간건축학회논문집 통권 13호, 2005

김신혜, 김창성, 안도 다다오 건축에 나타난 기하학적 특징과 자연 요소 분석, 한국생태환경건축학회 춘계국제학술대회 논문집 제16권 제1호(통권 30호), 2016

김종진, 바이엘러 미술관에 나타난 건축-미술-자연의 통합 디자인 방법에 관한 연구, 한국실내디자인학회논문집 제22권 2호 통권97호, 2013.4

최윤경, 미술관공간구조의 연대기적 유형화, 대한건축학회논문집 계획계 12권6호, 1996.6

정한호, 안도 다다오의 박물관 작품에 나타난 건축적 특성에 관한 연구, 한국문화공간건축학회논문집 통권 제13호, 2005

김수정, 최샛별, 사회적 공간으로서의 미술관, 한국문화공간건축학회논문집 통권 48호, 2014.11

서수미, 정사희, 윤갑근, 국내 국공립 미술관의 공공성 실현을 위한 공간구성 특성에 관한 연구, 한국문화공간건축학회논문집 통권 40호

최기원, 지역문화시설의 공공성과 계획요소에 관한 연구, 서울대 석사논문, 2005.2

정기용, 무주프로젝트 : 지역공공건축의 이론과 실천을 위하여, 이상건축 200206

이관석, 현대 뮤지엄 건축의 흐름과 건축가, 한국문화공간건축학회논문집 통권 제30호(KICA Journal 2010)

이관석, 안도 다다오의 정신으로서의 건축, 건축0912

NEW WORLD ARCHITECT TADADO ANDO, 건축과 환경, 1991

김광현, 건축과 공동성, 이상건축 200012

이영일, 안도 타다오의 건축세계, plus 9507

뮤지엄 프로젝트, KICA News Vol.30

언론보도

문화인가, 토건인가? 중앙일보 2019.04.18

빌바오 효과 뒤집어보기, 동아일보 2014.01.28.

동아일보 2014.11.26

꿈을 가진 사람이 그린 나오시마, 동아일보 2017.07.11

현대건축의 거장 안도 다다오 "건축 너머 자연환경과 역사를 본다" 동아일보 2016.03.23

국제신문 2010.08.30

폐기물로 신음하던 작은 섬, '건축 천국'이 되다. 조선일보 2018.1.25.

인터넷 자료

http://leo.nit.ac.jp/~ito/

http://www.polamuseum.or.jp/

https://www.city.midori.gunma.jp/tomihiro/

http://www.gmat.pref.gunma.jp/

http://www.nmao.go.jp/index.html

https://www.kanazawa21.jp/en/

https://open-air-museum.org/facility-2

http://www.sayamaikehaku.osakasayama.osaka.jp/_opsm/

http://benesse-artsite.jp/en/

http://benesse-artsite.jp/en/art/chichu.html

http://benesse-artsite.jp/en/art/lee-ufan.html

언론보도

문화인가, 토건인가? 중앙일보 2019.04.18

빌바오 효과 뒤집어보기, 동아일보 2014.01.28.

동아일보 2014.11.26

꿈을 가진 사람이 그린 나오시마, 동아일보 2017.07.11

현대건축의 거장 안도 다다오 "건축 너머 자연환경과 역사를 본다" 동아일보 2016.03.23

국제신문 2010.08.30

폐기물로 신음하던 작은 섬, '건축 천국'이 되다. 조선일보 2018.1.25.

인터넷 자료

http://leo.nit.ac.jp/~ito/

http://www.polamuseum.or.jp/

https://www.city.midori.gunma.jp/tomihiro/

http://www.gmat.pref.gunma.jp/

http://www.nmao.go.jp/index.html

https://www.kanazawa21.jp/en/

https://open-air-museum.org/facility-2

http://www.sayamaikehaku.osakasayama.osaka.jp/_opsm/

http://benesse-artsite.jp/en/

http://benesse-artsite.jp/en/art/chichu.html

http://benesse-artsite.jp/en/art/lee-ufan.html